라오스 트래블 헬퍼

LAOS TRAVEL HELPER

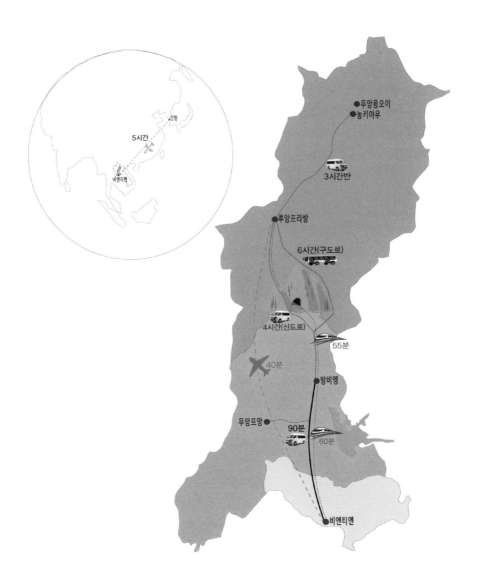

라오스 트래블 헬퍼

LAOS TRAVEL HELPER

좋은땅

CONTENT

지역별 여행 정보

10년 전 라오스 일주를 시작으로 미얀마, 태국, 베트남, 인도 등의 출입국 스탬프로 여권 2권을 채우면서 나 홀로 여행자, 자유 여행자들을 위한 여행 공유 형태의 트래블 헬퍼가 있었으면 좋겠다는 생각을 했다.

특히 라오스는 고속철도 개통으로 북부 지역 여행은 훨씬 편리해졌지만 육로를 이용하는 대중교통은 운행이 축소되고, 좌석이 꽉 채워질 때까지 무작정 기다려야 하는 등 열악한 상황이 된 것 같다.
주요 관광지 이동 차량에서 현금 도난 사고가 끊이지 않고, 국경을 이동하는 버스는 낡고 오래된 버스에 서비스도 전혀 개선되지 않은 것 같다.

트래블 헬퍼를 통해 여행자들이 모여서 미니밴 및 택시 등의 승차 공유를 통해서 보다 저렴하고 안전하게 여행을 하고, 당근마켓처럼 앱에 등록된 한인 업체 및 현지 투어 회사의 여행상품과 가이드 정보를 공유하고 도움을 받을 수 있는 앱을 제작하였다.

트래블 헬퍼 가이드북은 상세 지도와 함께 들고 다니기 편하게 소책자로 만들었으며 음식점, 숙박업소 소개는 책의 도입부 "라오스여행 키워드" 페이지에서 한눈에 볼 수 있도록 정리하고 여행지 위주로 내용을 충실히 하여 가볍게 책을 넘기면서 라오스 전 지역을 즐겁게 여행하는 느낌이 들도록 글 보다는 사진 위주로 정리하였다.

지면에 없는 추가 내용 및 변동된 내용은 라오스 트레블 헬퍼 앱 및 카페를 통해서 의견을 받아서 교정 및 업데이트 예정이다.

카풀 및 동행 연결, 여행안내지도, 메신저, 명소 및 맛집 소개, 숙소 예약 등

초기 테스트 버전용 앱으로써 수시 업데이트 예정

라오스 여행 키워드

구분	주요도시	여행지		음식점		숙소	
북부	훼이싸이	카르노요새	기번체험	카페 나인	하우 레스토랑	폰윗짇	우돔폰2
		왓쯤카오마니락	스팀사우나	드림베이커리	한 꼐오	리버사이드	리버뷰
	빡벵	빡벵 뷰포인트	빡벵시장	쌩캄	온흐안	돈빌라삭	D P
	농키아우 무앙응오이	뷰포인트 4개소	솝콩오가닉팜	첸나이	코코홈	뷰포인트호텔	캄판
		반나양	탐캉동굴	선라이즈	피자엔파스타	생다오	리버사이드리조트
		반습콩	반나마을	캡꼬	C.T 레스토랑	아티트	풀리삭
중북부	루앙프라방	새벽탁발	왓시엥통	만다데라오스	엔사바이	살라프라방	씨엥통펠리스
		꽝시폭포	땃새폭포	유토피아	빅트리카페	호시엥	메콩선셋
		뷰캥눈유원지	남칸에코로지	포폴로	뚜뚜레스토랑	빌라 킹캄	봉프라찬
		푸시산	TAEC	카오소이집	시엥통누들	필라일락	빌라칫다라
		새벽시장	푸시시장	피자판루앙	굿피플	싱하랏	메콩리버뷰
		반롬마을	옥팝톡	아침닭죽집	남칸썬셋	빌라산티	더벨리브부티크
		반씨엥롬코끼리	메콩 선셋 크루즈	삭(블루라군)	조마베이커리	로즈우드	로투스빌라
		오바마골목	폭탄박물관	어린왕자카페	고기집 디	인디고하우스	마이라오홈
		쫌팻지구	케오폭포	파파야셀러드	로젤라퓨전	마이반라오	라오우든하우스
		적십자찜질	그린정글파크	타마린드	깸칸바베큐	애플	메리리버사이드
		다오파	볼링장	샤프란커피	뱀부트리가든	마이드림부띠크	수파트라
중부	방비엥	블루라군1~4	탐롬유원지	샌드위치노점	피핑쏨신닷	블루게스트하우스	자스민
		무앙프앙	탐쨩동굴	피자루카	루앙프라방베이커	시몬리버사이드	콘페티
		열기구	페러모터	뱅킹	무궁화포차	타본숙	도몬
		튜빙	짚라인	사쿠라바	로터스	실버나가	아마리방비엥
		진맛사지	버기카	풀마인트가페	할리스커피	말라니	리버사이드부티크
		파탕	인터파크	부산갈매기	풀문카페	빌라남송	시사방
		남사이전망대	깽유이폭포	뮤직레스토랑	남폰식당	콩리조트	코시아나
	비엔티엔	빠뚜사이	탓루앙	도가니국수	고기	크라운프라자	수파폰
		아누붕공원	대통령궁	컵자이더	줂다드뷔페	셋타펠리스	남푸이비스
		딸랏싸오	남푸	카페525	위앙싸완	마노롬샤토	메콩리버사이드
		마나메가든	푸르츠헤븐	문더나이트	윈드웨스트	반 1920s 호스텔	T T 호스텔
		왓시사켓	호파께우	파리지엥	밥집	라오플라자	KP 깜삐안
		실탄사격장	카이손박물관	퍼썹	카페시눅	폰파수스	썬빔
남부	타캑	꽁로통쿨	나싸랑	콥짜이더	Cool789	메콩호텔	인티라
		락뷰포인트	쿤꽁랭	사바이디	야시장식당	르부통	나가호스텔
	사바나켓	성테레사성당	문화지구	아랑한국식당	모카포트	아발론레지던스	수린숙
	팍세 씨판돈	콘파팽폭포	솜파밋폭포	팍세호텔루프탑	대장금	팍세호텔	낭노이게하
		탓니앙,탓파인	하이랜드농장	파리지엥	CC1971	레지던스시숙	상아호스텔

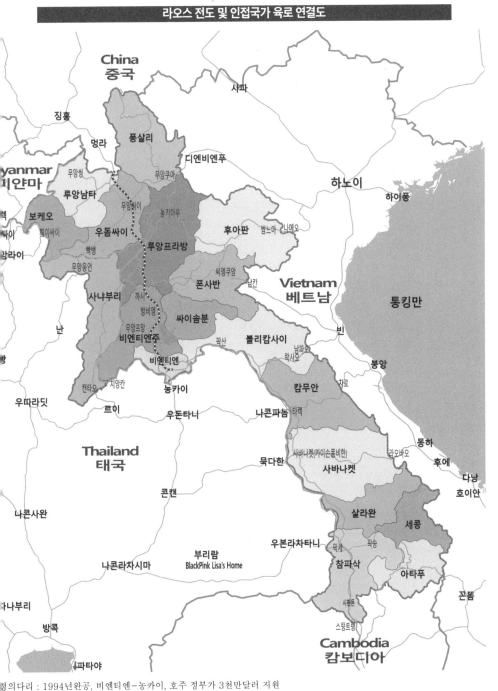

라오스 전도 및 인접국가 육로 연결도

정의다리 : 1994년완공, 비엔티엔-농카이, 호주 정부가 3천만달러 지원
정의다리 : 2007년완공, 사바나켓-묵다한, 일본 ODA 자본
정의다리 : 2011년완공, 타켁-나콘파놈
정의다리 : 2013년완공, 훼이싸이-치앙콩

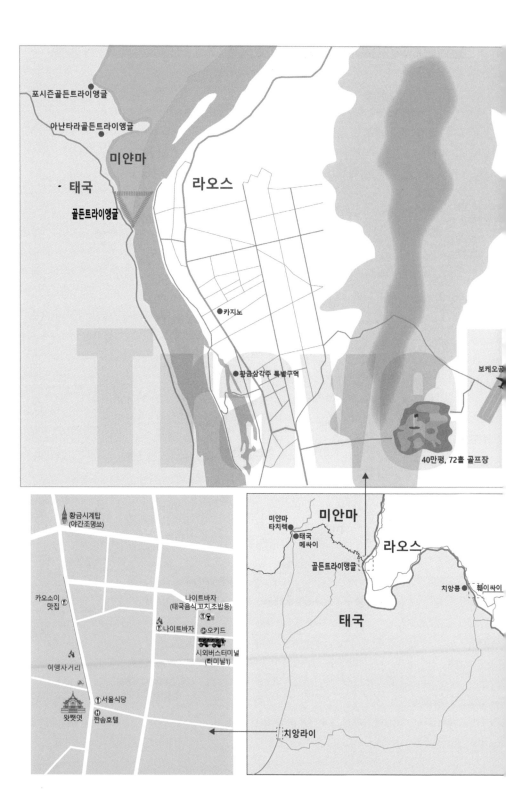

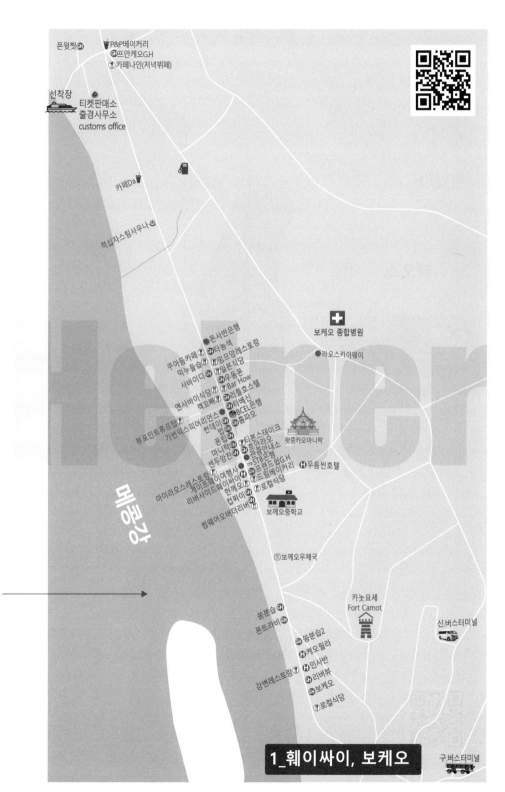

폰윗찟 🏠
P&P베이커리
🏠프안케오G.H
🍴카페나인(저녁뷔페)

선착장
티켓판매소
출경사무소
customs office

카페Da ☕

적십자스팀사우나 ♨

보케오 종합병원 ✚

폰사반은행
쿠아등카페 🍴 🏠타농색
먹누들숍 🍴 🍴밍므앙레스토랑
사바이디 ☕ 🍴일본식당
🏠우동폰
엔사싸이식당 🍴 🍴 Bar How
🍴리틀통호스텔
째꼬빠 🍴 🍴🏠리버싸이
🏠티베싯
🏠BCEL은행
뷰포인트뷰프탑 🍴 썬데이 🏠 🍴홈파오
기번익스피어리언스 🍴 밥 🍴
폰틱 🍴 🍴티본스테이크
마니락 🏠 흐앙라오
샌드왕찬 🏠 관광안내소
마이라오스레스토랑 깨끄루여행사 🍴 🚌STB은행
케이트웨이싸이 🍴 🏠그랜드쉽G.H
리버싸이드웨이싸이 🏠 🍴드림베이커리
한깨오 🍴 🍴로컬식당
컵짜이 🍴

라오스카이웨이 ●

왓품카오마니락 🛕

우돔씬호텔 Ⓗ

보께오중학교 🏫

썸에오버더리버 🏠

메콩강

보께오우체국 ✉

카놋요세
Fort Carnot

신.버스터미널 🚌

쏨분숍 🏠
폰트라비 🏠
쏨분숍2 🏠
케오밀라 Ⓗ
인사반 Ⓗ
강변레스토랑 🍴 리버뷰 🏠
보케오 🏠
로컬식당 🍴

1_훼이싸이, 보케오

구.버스터미널 🚌

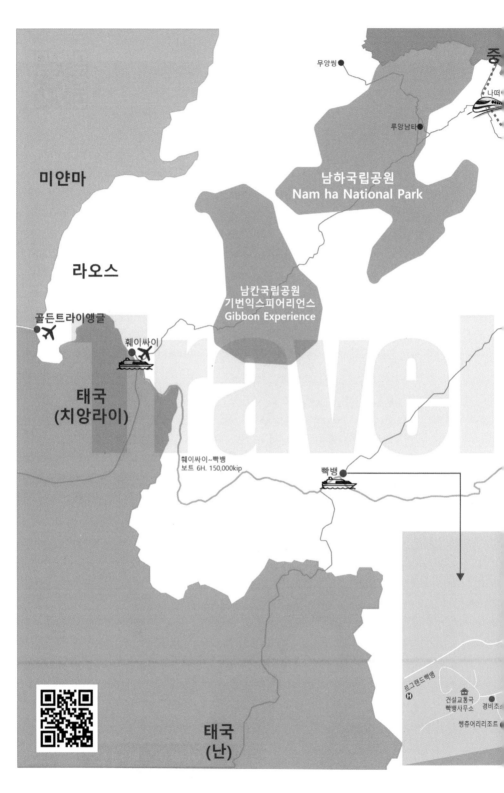

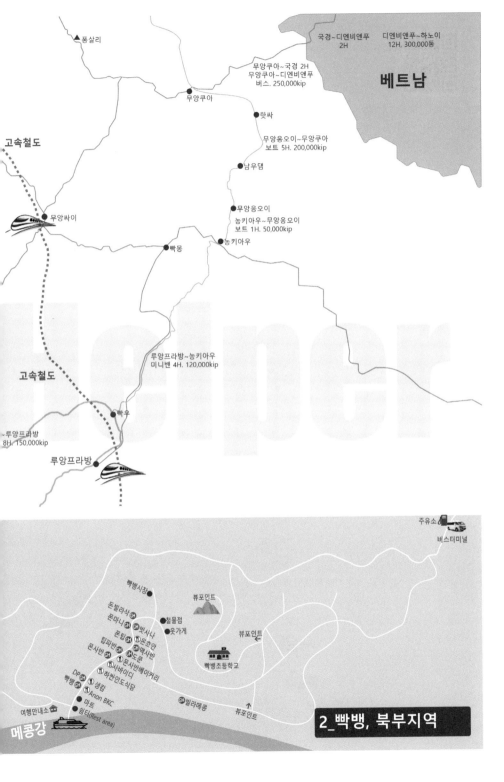

고속철도 지도

풍살리 ▲

국경~디엔비엔푸
2H

디엔비엔푸~하노이
12H, 300,000동

베트남

무앙쿠아~국경 2H
무앙쿠아~디엔비엔푸
버스. 250,000kip

무앙쿠아 ●

● 핫싸

무앙응오이~무앙쿠아
보트 5H. 200,000kip

● 남우댐

고속철도

무앙싸이 ●

● 무앙응오이

농키아우~무앙응오이
보트 1H. 50,000kip

● 빡몽   ● 농키아우

Helper

고속철도

루앙프라방~농키아우
미니밴 4H. 120,000kip

● 빡우

~루앙프라방
8H. 150,000kip

루앙프라방 ●

주유소 🛢️

버스터미널

빡뱅시장 ●

뷰포인트 ⛰️

돈빌라석 Ⓗ
혼마니 Ⓗ   ● 절물점
             ● 빅사나   ● 옷가게
팁짜반 Ⓗ   Ⓗ 온후안   뷰포인트
온사반 Ⓗ   Ⓗ 맥사반
          Ⓗ 도룡
     Ⓗ 온사반베이커리   🏫
DP Ⓗ 🍴 사바이디   빡뱅초등학교
빡뱅 Ⓗ 🍴 하싼인도식당
     Ⓗ 샐람
     Anon BKC
여행안내소 🏛️   ● 마트   Ⓗ 빌라메콩
             쉼터(Rest area)   ↑
메콩강 🚤   뷰포인트

2_빡뱅, 북부지역

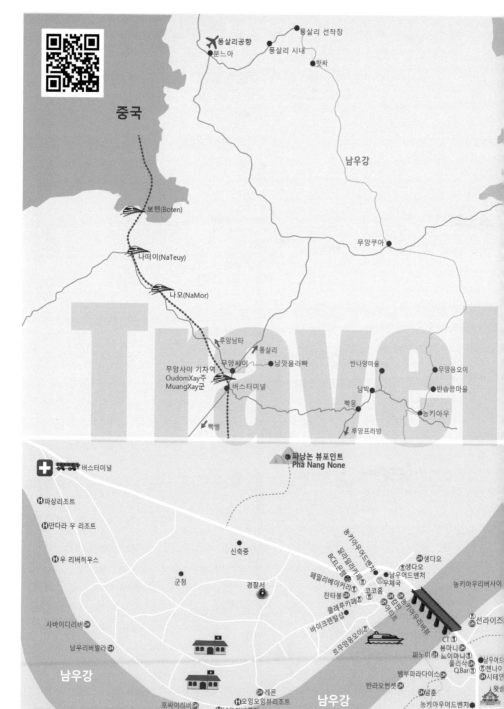

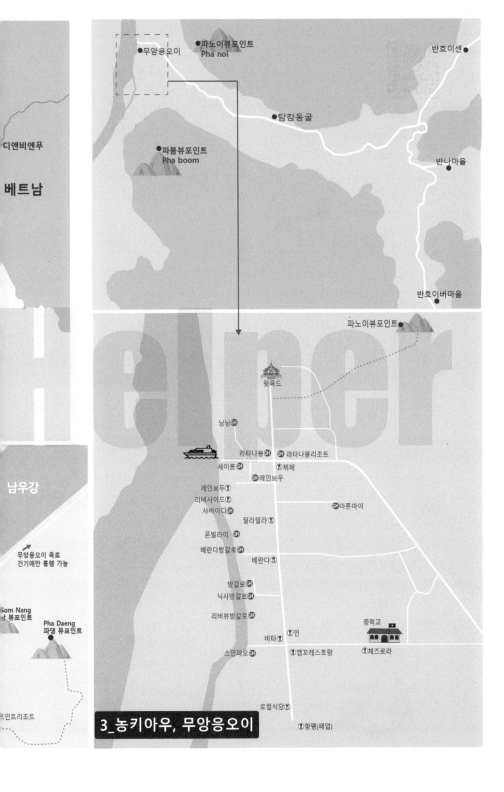

디앤비엔푸

베트남

남우강

무앙응오이 육로
건기에만 통행 가능

Som Nang
뷰포인트

Pha Daeng
파댕 뷰포인트

인트리조트

무앙응오이

파노이뷰포인트
Pha noi

반호이센

탐캉동굴

파붐뷰포인트
Pha boom

반나마을

반호이버마을

파노이뷰포인트

왓옥드

닝닝 GH

라타나봉 GH   GH 라타나봉리조트

세이롬 GH   뷔페

레인보우 GH 레인보우

레인보두

리버사이드

사바이디 GH   딜라일라   GH 아돈마이

폰빌라이 GH

베란다방갈로 GH

베란다

방갈로 GH

닉사방갈로 GH   중학교

리버뷰방갈로 GH

비타   민

스안파오 GH   캡꼬레스토랑   체즈로라

로컬식당

3_농키아우, 무앙응오이

항평(폐업)

그린정글파크

메콩
더그랜드루앙프라방 ⒣
루앙프라방
골프장
⒣ 풀만
쌴티⒞
리버⑨
뱀부트리가든
로즈

남동파크 ●

⒣ 메콩이스테이

버팔로아이스크림 ●

코끼리캠프

우마트 ●
⒨ 옥팜톡
● 푸시시장

반롱마을
몽족마을 ●
크무족마을

세무대학

카오니야오
팜스테이

양통⑪

커티삭국제학교

케오폭포

꽝시폭포

트래킹 코스
가이드 없이 혼자 가면 위험함

⑪뱀부익스피어리언스

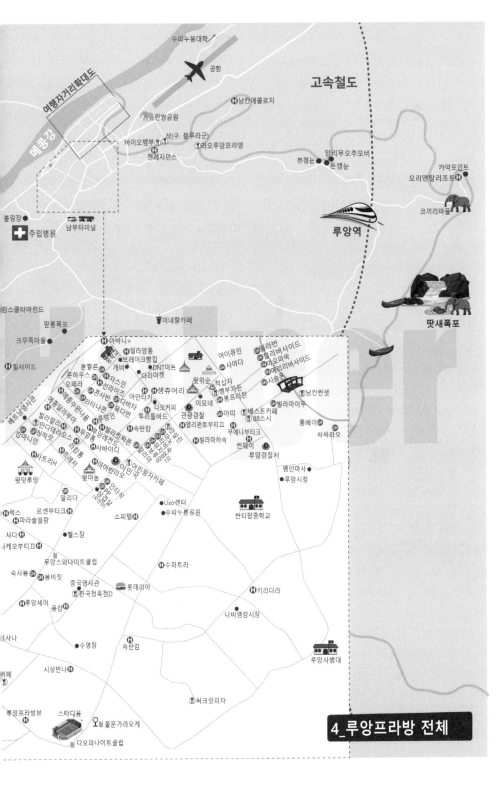

4_루앙프라방 전체

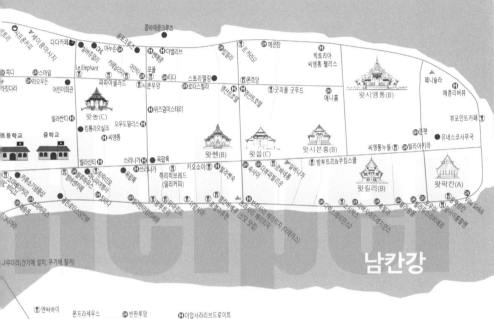

사원 타입별 스타일 및 특징

		특징
A		내부 원형 기둥, 부처가 전면에 위치
B		내부 원형기둥+처마기둥, 부처가 벽면에 위치
C		내부 모서리 사각기둥, 부처가 벽면에 위치
D		내부기둥 없음, 부처가 벽면에 위치

5_루앙프라방 여행자거리

비엔티엔 주

방비엥

타흐아

흐안페 파렁방뷰
반쌈믄뷰 리조트
흐아페 앙남팁
반무앙프앙

남리강

반돈

힌훕삼거리

남능호수

앙남통 리조트
반나단

라오스

콕싸앗소금

태국

비엔티엔

불상

농카이

파탕

사이폰리조트
블루라군4

탐남동굴

에코롯지

오존파크

참파통리조트

오가닉팜레스토랑

탐롬유원지

탐논브릿지
(천사동굴)

파응언전망대

블루라군3

남싸이전망대   ●블루라군1

방비엥 기차역   깽유이폭포

탐짱동굴

인터파크

블루라군2

6_방비엥 전체

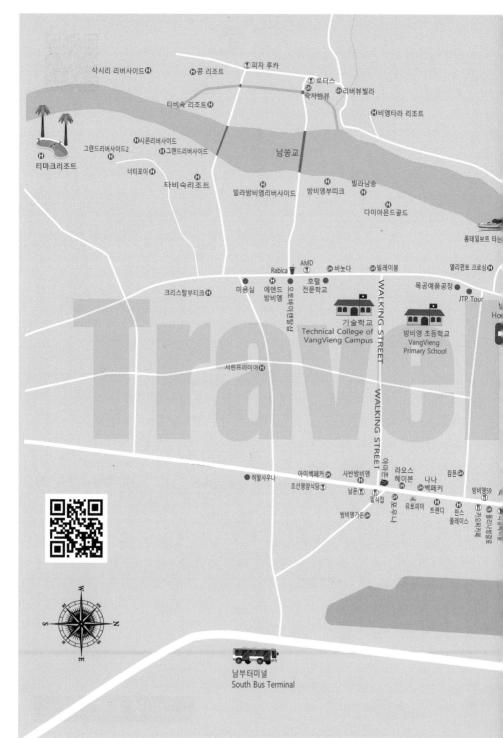

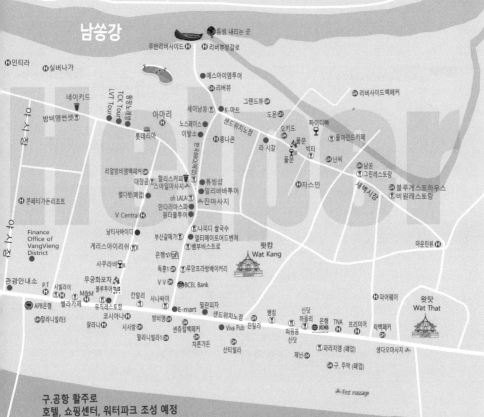

7_방비엥 여행자거리

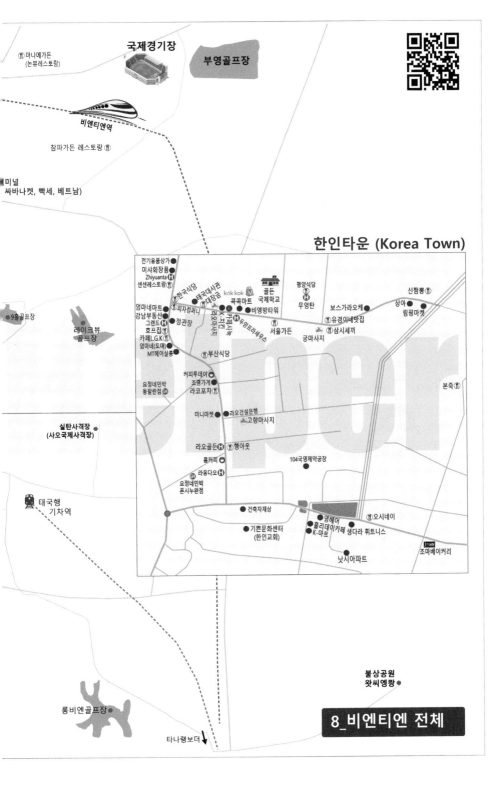

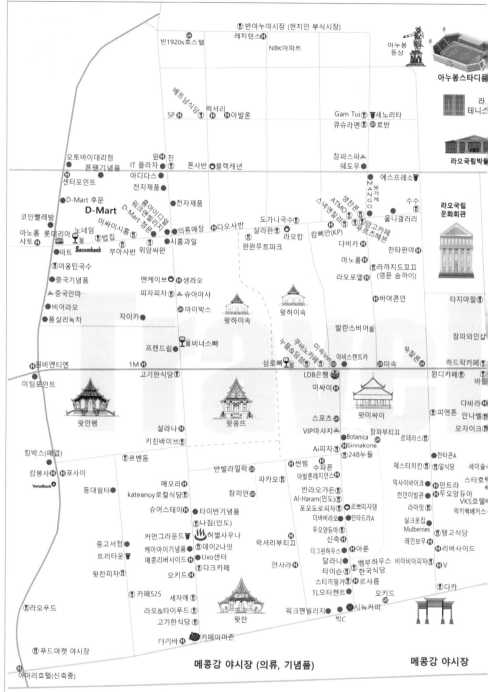

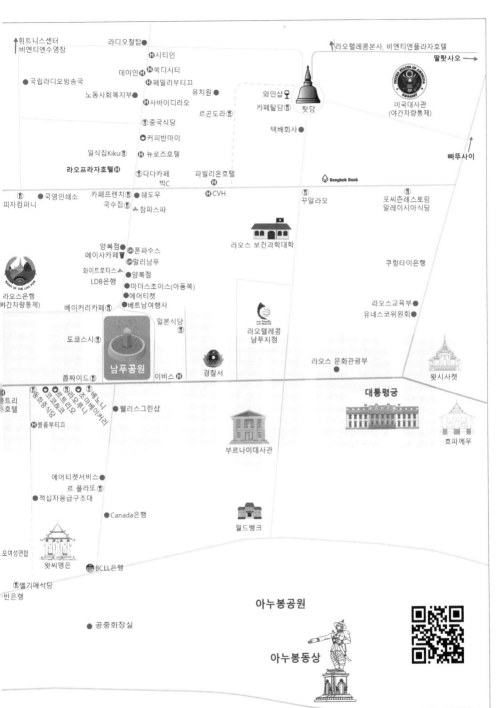

휘트니스센터
비엔티엔수영장

라디오철탑●

라오텔레콤본사, 비엔티엔플라자호텔

딸핫사오 →

Ⓗ시티인

데이인 Ⓗ쏙디시티

● 국립라디오방송국 Ⓗ페밀리부티끄

노동사회복지부● 유치원●

와인샵

미국대사관
(야간차량통제)

Ⓗ사바이디라오

카페탈담 Ⓣ 탓담

르곤도라Ⓣ

빠뚜사이 →

Ⓣ중국식당

● 커피반마이

택배회사●

일식집Kiku Ⓣ Ⓣ뉴로즈호텔

라오프라자호텔 Ⓗ Ⓣ다다카페
빅C

파빌리온호텔

Bangkok Bank

Ⓣ 국영인쇄소
피자컴퍼니

카페프렌치Ⓣ Ⓗ쉐도우
국수집 ⚘참파스파

Ⓗ CVH

Ⓣ 꾸알라오

Ⓣ
포씨즌레스토랑
말레이시아식당

양복점● ●폰파수스
메이사카페▼

라오스 보건과학대학

쿠링타이은행

밀리남푸
화이트로터스▲ ●양복점
LDB은행 ●마더스초이스(아동복)
●에어티켓

라오스은행
(야간차량통제)

라오스교육부●
유네스코위원회●

베이커리카페Ⓣ ●베트남여행사

일본식당

라오텔레콤
남푸지점

도쿄스시Ⓣ

남푸공원

라오스 문화관광부●

왓시사켓

콥짜이드Ⓣ 이비스Ⓗ 경찰서

대통령궁

호파께우

Ⓣ베노니
Ⓣ삐코몰
Ⓣ동향식당
Ⓣ조마베이커리

루트리
호텔

Ⓗ블룸부티끄

●웰리스그린샵

에어티켓서비스●
르 플라또Ⓣ
●적십자응급구조대

부르나이대사관

●Canada은행

월드뱅크

오여성연합

왓씨엥은

●BCEL은행

Ⓣ벨기에식당
반은행

아누봉공원

● 공중화장실

아누봉동상

메콩강 야시장 (음식)

9_비엔티엔 여행자거리

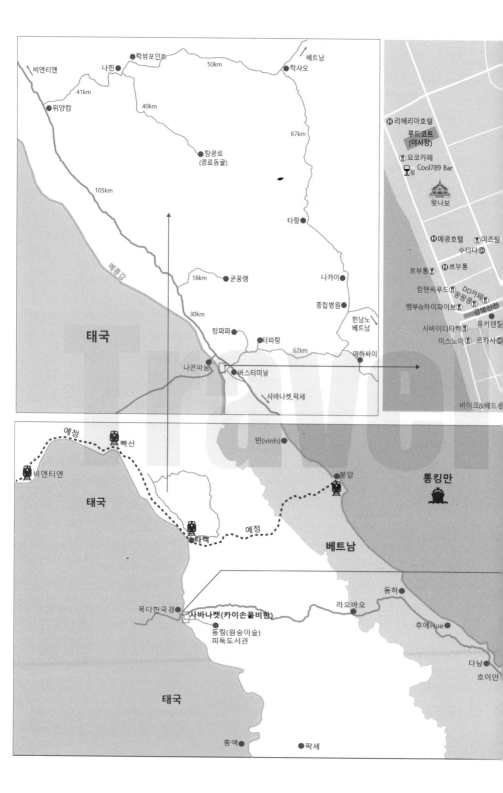

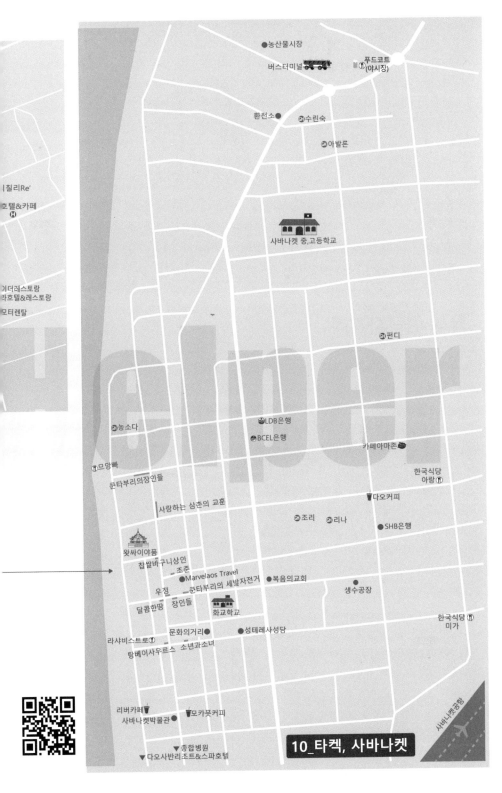

10_타켁, 사바나켓

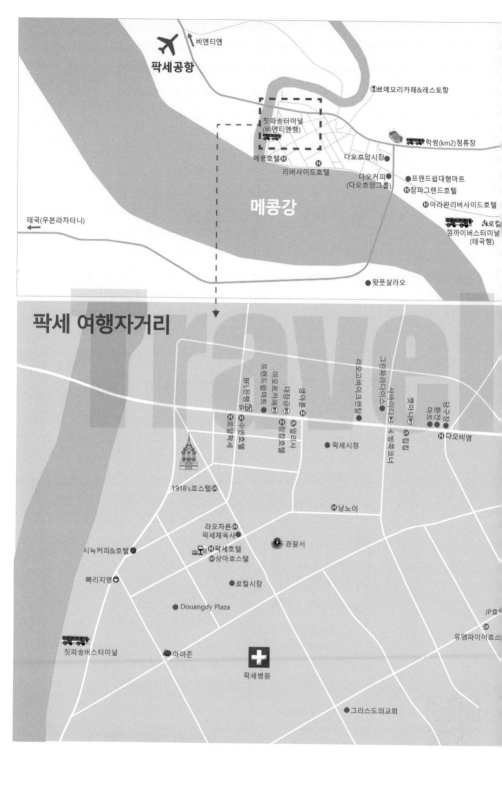

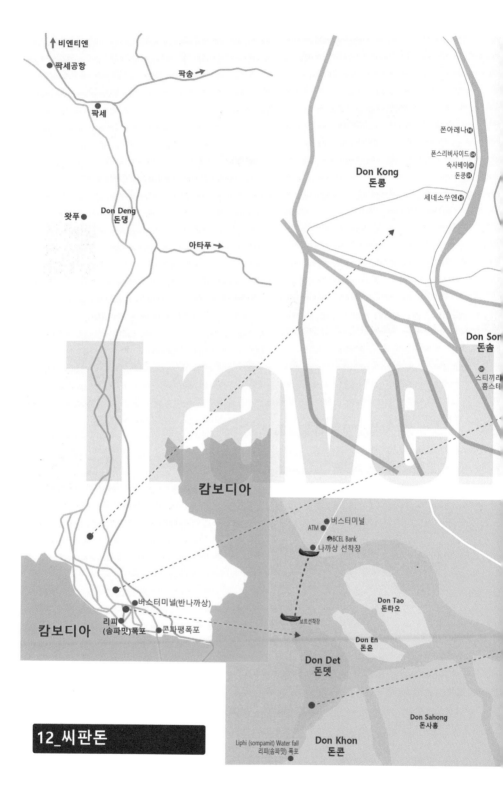

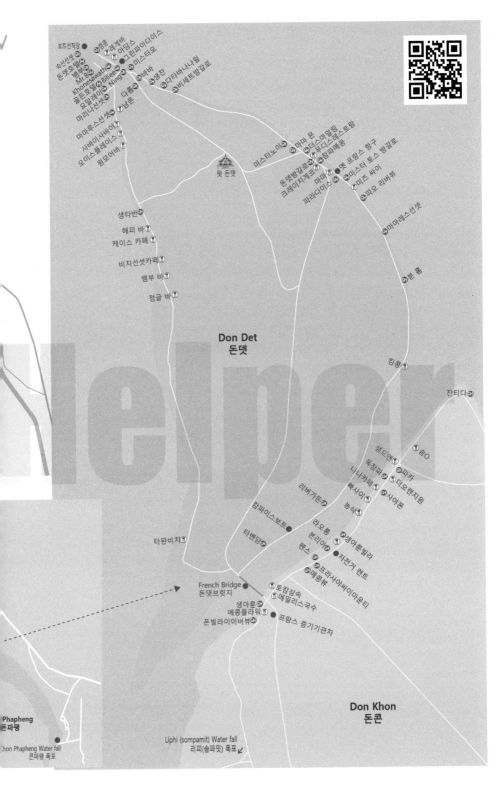

보트선착장
돈뎃호텔
밥부 Mr.B's
Khonesavath
골든호텔 Billee
오밀레이
마리나선셋
마마룩이사이
사바이사바이
오이스플레이스
원모어바

짱콩
렝캐바
아담스
그랍파아이스
미스터모
쓰쌘짠
더티바나나방갈로
비바
비세트방갈로
더룽
아남폰

미스터노이
마마 온
디스마일링
푸디스레스토랑
짬파메랑

돈뎃방갈로
크레이지게코
파라다이스

옛 프랑스 항구
미스터 토스 방갈로
미즈 싸이
피오 리버뷰

마마레스선셋

왓 돈뎃

생타반

해피 바
케이스 카페

비치선셋카페

뱀부 바

정글 바

분 홈

Don Det
돈뎃

킹콩

잔티다

솜O

생드앤
독창피
나나카페
빽싸이
농싹

파카
디오렌지원
싸얀폰

리버가든

캄파이스보트

라오흥
본리아
펜스

상아룬빌라
자전거 렌트
프라사아씨이마운티
메콩뷰

타벤딩

타완비치

French Bridge
돈뎃브릿지

생아룬
메콩플라워
폰빌라이리버뷰

톰캄삼속
에밀리스국수

프랑스 증기기관차

Don Khon
돈콘

Phapheng
돈파팽

Khon Phapheng Water fall
콘파팽 폭포

Liphi (sompamit) Water fall
리피(솜파밋) 폭포 ↙

1. 라오스 개요

언　　어 : 라오스어 (태국어와 60~70% 유사)

시　　차 : 한국보다 2시간 빠름 (라오스 7시 = 한국 9시)

외교관계 : 1995년 외교 수립, 1996년 라오스 한국 대사관 최초 설치

수　　도 : 비엔티엔 (옛수도. 루앙프라방)

화폐단위 : 라오스 낍 (Kip) (LAK)

면　　적 : 2,368만 ha, 한국(1,004만 ha)의 약 2.3배

인　　구 : 753만 명(2022), 한국(5,162만 명)의 약 15%

총 생 산 : GDP 188억$, 한국(1조8천 억$)의 약 1%

종　　교 : 불교 69, 토속신앙 28%, 기독교 1.5%

사용전압 : 220V (일자형 및 둥근형 코드 겸용 콘센트)

비행시간 : 약 5시간 (인천~비엔티엔 기준)

비자기간 : 30일 무비자가 기본이지만, 입국할 때 30일짜리 도착비자(를) 받아서 들어가면 비엔티엔 여권국 및 루앙프라방 이민국 경찰서에서 30일씩 2회 추가 비자 발급 90일까지 체류 가능

기후조건(맑은 날 낮 시간 기준)

3월	30~35℃	더운 여름	(건기)
4월~5월	35~40℃	매우 뜨거운 여름	(건기)
6월~10월	30~35℃	더운 여름	(우기)
11월~2월	20~30℃	선선한 가을	(건기)

2. 라오스에서 꼭 지켜야 할 예절

- **라오스 사람들은 자존심을 건드리는 것을 가장 싫어한다.**
- 사원에 갈 때 절대로 짧은 치마나 핫팬츠는 안 된다.
- 승려는 라오스 사람들이 가장 존경하는 사람으로 간주된다.
- 여성이 승려의 몸을 만지는 것은 절대 허용하지 않는다.
- 사원 내부는 신발과 모자를 벗고 들어가며 불상 앞에서는 앉아야 한다.
- 단체의 기부활동은 관계 당국이나 기관에 승인을 받아야 한다.
- 라오스 사람들은 큰 소리로 말하는 것을 매우 싫어한다.
- 사진을 찍기 전에 먼저 허락을 구한다.

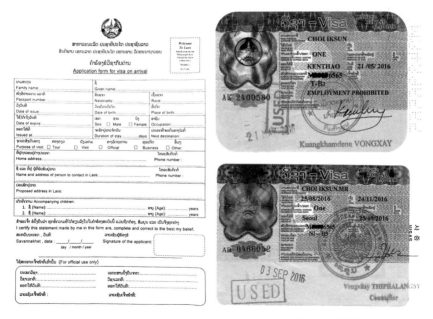

ບັດແຈ້ງເຂົ້າເມືອງ ARRIVAL ຈຸດທາງເຂົ້າ / Entry point:

ນາມສະກຸນ / Family name: **성씨** Name: **이름** ຊາຍ Male **남** ຍິງ Female **여**

ວັນເດືອນປີເກີດ / Date of birth: **생일/월/년** ສະຖານທີ່ເກີດ / Place of birth: **S.korea** ສັນຊາດ / Nationality **S.korea** ອາຊີບ / Occupation: **직업**

ໜັງສືຜ່ານແດນເລກທີ່ / Passport No. **여권번호** ໝົດອາຍຸ / Date of Expire **여권만료일/월/년** ອອກໃຫ້ວັນທີ່ / Date of issue: **여권발급일/월/년** ສະຖານທີ່ອອກ / Place of issue: **S.korea** Intented address in Lao PDR: **숙소명**

ວີຊາເລກທີ່ / Visa No. ຈຸດໝາຍ / Date of issue:

ຈຸດປະສົງເຂົ້າເມືອງ / Purpose of entry **여행목적** ເດີນທາງໂດຍ / Traveling by: **항공편명** ເດີນທາງມາຈາກ / Traveling from: **출발지** **패키지투어여부** Yes/No ໂທ Tel **전화번호**

ສຳລັບເຈົ້າໜ້າທີ່ / For official use only ວັນທີ Date: **제출일/월/년** ລາຍເຊັນ Signature: **서 명**

ບັດແຈ້ງອອກເມືອງ DEPARTURE ຈຸດທາງອອກ / Departure point:

ນາມສະກຸນ / Family name: **성씨** Name: **이름**
ວັນເດືອນປີເກີດ / Date of birth: **생일/월/년** ສະຖານທີ່ເກີດ / Place of birth: **S.korea**

ຊາຍ Male **남** ຍິງ Female **여** ສັນຊາດ / Nationality **S.korea** ອາຊີບ / Occupation: **직 업** ວັນທີ Date **제출일/월/년**

ໜັງສືຜ່ານແດນເລກທີ່ / Passport No. **여권번호** **여권발급일/월/년** ອອກໃຫ້ / Date of issue: **S.korea** ລາຍເຊັນ Signature: **서 명**

ບ່ອນຢູ່ກ່ອນເດີນທາງອອກຈາກ ສປປ ລາວ / Last residence before leaving Lao PDR **마지막머문 숙소명** ສຳລັບເຈົ້າໜ້າທີ່ / For official use only

Instruction:
- Holders of passports and their dependants must complete a card when entering to or departing from Lao PDR.
- Please complete the card in block letters.
- The departure portion must be retained in the passport or travel document and submitted to the Immigration Officer on leaving Lao PDR.
- Persons entering Lao PDR for employment and official purposes (other than in a diplomatic mission) must register at an office of the department of Immigration.
- Persons wishing to extend their visa can apply for an office of the Department of Immigration.

[직업] 사업 : businessman / 직장인 : office worker / 학생 : student
무직 : tourist / 주부 : housewife / 농부 : farmer

· 도착비자 : 30일 무비자 이후 90일까지 체류하고자 하는 경우만 해당

용산 라오스대사관에서 받으면 Delivre a issued at(발급장소)이 Seoul이 됨.

37

1353	여러 부족들이 흩어져 있던 도시(Muang)들을 통합하여 최초의 통일된 국가로 파응움 왕이 랑쌍왕국 건국 [란(1,000,000), 쌍(코끼리)]
1713	후계 다툼으로 인해 루앙프라방, 비엔티엔, 참파삭(팍세)으로 분열됨
1827	태국이 비엔티엔과 참파삭을 점령
1887	프랑스가 루앙프라방 점령
1893	프랑스가 태국에 함대를 보내 메콩강 기준으로 비엔티엔, 참파삭을 흡수하여 현재의 라오스 전 지역을 점령 (1893~1952)
1904	당시 수도인 루앙프라방에 왕궁(haw Kham) 건축 (현재 왕궁박물관)

프랑스의 점령기 국기 및 1953년 프랑스로부터 독립승인 당시 사진

1954   라오스 왕국으로 독립

이후 역사는 10만 낍 지폐에 등장하는 카이손 대통령을 통해 볼 수 있는데, 프랑스 식민 지배 시절인 1949년 라오인민자유군을 창설 프랑스 제국주의를 반대하는 빠텟라오 운 동을 시작, 프랑스로부터 독립 후 1955년 라오북부 삼느아 비엥싸이 동굴에서 라오인 민혁명당을 결성하여 독립 왕국 정부군(친불파)과 싸웠고, 1964년부터는 베트남전에서 미군과 싸웠으며, 1975년 베트남 전쟁이 끝나고 라오스 인민민주공화국 (사회주의 정 부) 수립과 동시에 그는 초대 총리이자 2대 대통령이 되었다.

• 4대 왕 및 2대 대통령

4대 왕	
파응움 (1316~1393)	세타티랏 (1534~1572)

비엔티엔 크라운프라자 앞 파응움 공원	비엔티엔 왓 탓루앙
아누봉 (1767~1829)	시사방봉 (1885~1959)

비엔티엔 메콩강변 아누봉 공원	루앙프라방 왕궁박물관 앞

2대 대통령	
수파누봉 (1909~1995)	카이손 폼비한 (1920~1992)

루앙프라방 UXO 뒤 수파누봉 공원	비엔티엔 카이손 폼비한 박물관

• 라오스 대표 음식

카오니아우Khao Niao : 라오스인이 먹는 일반 찰밥

- 대나무로 만든 원형 바구니에 찹쌀을 넣어서 찌는 형태로 라오스 사람들의 주식이다. 이 밥은 맨손으로 조금씩 뜯어 먹는 것이 일반적이며 찰지고 달콤하면서 쫀득쫀득해서 한국인의 입맛에도 잘 맞는다.

카오람Khao Lam : 대나무에 담겨있는 약밥 같은 것

- 찹쌀과 고구마, 코코넛 등을 섞어 대나무에 넣고 찌거나 구워낸 것으로 도시락처럼 휴대가 편리하고 약간 달콤하면서 먹기도 편하다.

카오팟Khao Pat : 채소 볶음밥처럼 생긴 양념된 밥

- 일반적인 볶음밥으로 돼지고기를 넣은 것은 카오팟무, 닭고기를 넣은 것은 카오팟까이, 새우를 넣은 것은 카오팟꿍이라고 하면 된다.

팟카파오무 (바질프라이드포크) : 허브와 다진 돼지고기를 볶은 밥

- 돼지고기를 잘게 다져서 매콤한 참기름장에 바질과 같이 넣고 볶아서 쌀밥 위에 별도로 올려주는데 입맛이 없을 때 먹어도 맛있게 느껴진다.

딴막훙 (파파야 셀러드) : 파파야, 마늘, 고추, 레몬, 땅콩, 젓갈 등
- 재료를 절구통에 넣고 빻으면서 섞은 것으로 김치를 대신하는 반찬이다. 하지만 미원
  을 많이 넣는 곳이 많으므로 "버싸이 뺑누와(미원 넣지 말라)"라고 하거나 "싸이 뺑누
  와 노이능(미원 조금만 넣어라)"이라고 하면 된다.

카 오 푼 : 맑은 라오스 잔치 국수 : (1번을 넣음)
카오소이 : 얼큰 달콤 된장국 국수 : (2번을 넣음)
카오삐약 : 진한 국물 우동 쌀국수 : (3번을 넣음)

라오스 고추장 : 쩨오봉
- 삼겹살 구이에 찍어 먹으면 의외로 맛있다.

돼지고기 구이 : 뼁무 (생선구이 : 뼁빠)
라오스식 솥뚜껑 삼겹살 구이 : 신닷

• 라오스 여행 후 사오는 기념품

1. 다오 커피

2. 과일 튀김

과일을 말려 튀긴 과일칩으로 코코넛, 바나나, 파인애플, 고구마 등이 있고, 남녀노소 누구나 할 것 없이 다 선호하는 선물 중 하나이다. 비엔티엔 홈아이디얼, 루앙프라방 D&T 마트가 저렴하다.

3. 크림케이크 (Ellse Cake)

달콤하고 부드러운 맛이 일품인데 특히 저가에 부피가 커서 직장에 돌아가서 직장 동료들에게 부담 없이 돌리기에 적당하다. 부피를 줄이기 위해 박스를 빼고 내용물만 비닐 봉투에 담아가는 경우가 있는데 자칫 한국에서 열었을 때 개떡이 되어 있을 수 있으니 꼭 케이스에 넣어 오길 권한다. (바나타, 코코넛, 딸기, 초코렛 등 여러 종류 있음)

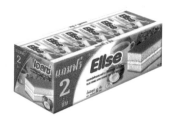

4. 헤어팩 (AHA Formula)

향이 좋고 오래가고 머릿결이 매우 부드러워졌다고 소문이 나면서 여행객들이 한국에서 구하기 힘든 기능성 헤어팩이라고 재구매율이 높은 제품이다.

5. 흑생강 (라오스어 : 킹담)

한국의 인삼보다 사포닌 성분이 3~4배 많다고 한다. 특히 나이 많으신 패키지 여행객들의 구매율이 높고, 부모님 선물로 구매하는 사람들도 있다. (건조된 제품만 반입가능)

6. 퐁살리 녹차

라오 최북단 퐁살리에서 재배되는 녹차잎으로 라오스 명품 특산물이다. 100g에 6천원으로 보성녹차의 1/5 가격이다.

7. 야시장에서 판매하는 기념품

라오스 티셔츠, 코끼리 바지 및 치마, 동전지갑, 에코백, 유화 그림, 대나무스피커, 마그넷(자석) 등이 있으며 루앙프라방이 몽족 야시장이 더 예쁘고 옛날 시골 장터처럼 길거리 좌판에서 흥정하는 쇼핑의 재미도 있다.

4월 : Boun Pi Mai Lao (라오 설날, 13일~16일)

일 년 중 나라 전체가 들썩이는 시기이다. 일 년 중 가장 더운 시기에 열리는 축제이며, 어디를 가도 온몸이 젖는 것을 피할 수는 없다.

(각 사찰에서 불상 샤워 의식 및 루앙 여행자거리에서 퍼레이드가 열림)

5월 : 분 방파이 (로켓축제)

루앙에서 사냐부리 방향으로 1시간 30분 거리에 있는 무앙난에서 우기 직전 벼농사에 필요한 비를 내리도록 신을 유혹하는 로켓 발사 의식이다.

7월 : 분 카오판사

불교의 하안거라고 불리는 카오판사 기간은 우기 동안 은둔하고 명상하는 3개월의 기간인 카오판사의 시작을 알리는 축제로 마을 주민들이 새벽부터 음식을 준비하는 등 일년 중 가장 큰 탁발 의식을 볼 수 있다.

9월 : 송흐아 (보트 레이싱 페스티벌)

마을별 보트들이 경쟁하는 라오스의 큰 축제로 루앙의 경우 Nam Khan에서 약 400m를 달리고 승자가 다음 라운드에 진출한다.

10월 : 분 옥판사

은둔(Phansa)과 우기를 끝내는 보름달 행사, 각 마을별(사원별)로 준비하는 축제로 2일 간 촛불로 사원 전체를 장식하고, 마지막 밤에는 소원을 담은 촛불을 강으로 띄워 보내는 것으로 끝이 난다.

특히 루앙프라방 메콩강 전역의 사원에서 매우 화려하게 열린다.

10월 : 분 라이 후아파이 (옥판사 축제 마지막 날)

물의 신에게 행운을 비는 축제로 각 마을은 배를 만들고 장식한 다음 배에 바퀴를 달아서 루앙프라방 여행자거리를 행진하여 왓씨엥통에서 배를 들어 메콩강으로 띄워 보내며 물의 정령에게 감사를 표한다.

11월 : 탓루앙축제

라오스 최대 축제로 왓 씨므앙 사원에서 시작해서 탓루앙으로 오는 행진 및 불꽃놀이와 탓루앙에 수많은 스님들과 불자들의 탁발 행사를 볼 수 있다.

12월 : 몽족 축제 (음력에 따라 다르며 대부분 연말에 구성)

라오스 몽족에는 고유한 관습과 의상이 있는 여러 부족이 있는데 Black(Hmoob Dub), Striped(Hmoob Txaij), White(Hmoob Dawb), Green(Moob Leeg/Moob Ntsuab)이 있다. 매년 12월에 몽족 사람들은 몽족 음악, 전통 공놀이, 미인 대회를 포함하여 일주일에 걸쳐 몽족 새해 축제를 위해 모인다. 축제장에는 놀이기구, 기념품과 음식을 판매하는 많은 시장 가판대가 있고, 마지막 날은 소싸움이 열린다.

• 라오스 여행 시 신변안전 수칙

- 해가 진 후 아무도 없는 곳에서 홀로 걸어서 이동하는 것을 자제
- 보행, 자전거, 오토바이로 이동 시 이어폰 사용을 자제
- 주위에 수상한 움직임이 있을 경우 빨리 사람이 많은 곳으로 이동
- 이동 시 가방을 몸에 가로질러 메거나, 가방을 몸 안쪽으로 두기
- 도시간 이동할 때 미니밴 등 대중교통 이용시 차량 짐칸에 싫은 여행용 가방에서 현금과 귀중품이 없어지는 사건이 매우 심각함으로 꼭 몸에 소지 해야 함. (도난 사례 빈번하여 2023년 4월 외교부에서 주의 경보)

● 전화 + 인터넷 (7GB/7일)

심카드만 구입하여 넣고
*121# 통화버튼 누르면 사용 가능

위 카드 전화번호 예) 020-5789-1367
7일 후 요금충전 하여 계속 사용 가능

공통) 유심 충전 후 3G 안 뜨는 경우
설정 – 모바일네트워크 – APN 입력

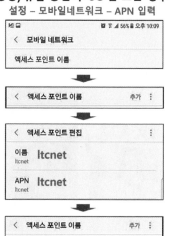

● 인터넷 전용

심카드 및 충전카드 2가지 구입하여
아래 1번, 2번 작업 후 사용 가능

사용기간 : 심카드 활성화 후 3개월까지

1. 요금 (10,000낍) 충전하기
쿠폰 긁기 (라오스어로 "밧" 이라 부름)
* 121 * 쿠폰번호 # 통화버튼

(앞면)　　　　　(뒷면)

2. 충전금액을 데이터로 변환하기
1.5GB/7일 : * 131 * 10 # 통화버튼
(아래 표에서 선택하여 사용가능)

※ 남은 잔여 데이터 확인하기
* 123 # 통화버튼

패키지 가격	데이터 변환 신청방법	데이터 양	사용기간
10,000 kip	* 131 * 10 # 통화버튼	1.5 GB	7일
10,000 kip	* 131 * 56 # 통화버튼	3 GB	5일
10,000 kip	* 131 * 57 # 통화버튼	5 GB	3일
25,000 kip	* 131 * 58 # 통화버튼	7 GB	7일
35,000 kip	* 131 * 566 # 통화버튼	15 GB	30일
65,000 kip	* 131 * 565 # 통화버튼	35 GB	30일

• 과일 이름

막모 (수박)　　　　　　막냠냐이 (용안)

망꼰 (그래곤푸르츠)　　막키얍 (석가두)

망무앙 (망고)　　　　　막꾸어이 (바나나)

막두리안 (두리안)　　　막뽐 (사과)

막훙 (파파야)　　　　　막응어 (람부탄)

막끼얌 (오렌지)　　　　막낫 (파인애플)

막망쿳 (망고스틴)

• 라오스의 상징꽃(국화) 이름 : 독참파 (라오항공 및 고속철도 승무원 머리핀)

• 골프장 현황

이름	운영업체	홀	접근성	부대시설
Golden Triangle Country Club	Triangle Special Economic Zone	72	보케오 공항 옆	40만 평, 18레이크 5성급 호텔
Long Vien Golf Club	KN VIENTIANE GROUP	27	28분 15.6km	연습장, 숙박시설, 식당
Lao Country Club	LVMC(KOLAO) Group	18	30분 17.7km	식당
SEA Games Golf Club	Booyoung Lao	27	32분 18.7km	연습장, 숙박시설, 식당
Lakeview Golf Club	Lakeview GOLF CLUB.	18	24분 10.9km	연습장, 숙박시설, 식당
Mekong Golf & Resort	Mekong Golf and Resort	18	42분 23km	숙박시설, 식당
Dansavanh Golf & Resort	DANSAVANH Golf	18	110분 73km	카지노, 스파&마사지 가라오케, 골프텔

• 비엔티엔 택시 어플 (로카에서 기사 없이 차량만 렌트도 가능)

← loca laos 🔍 🎤	← indriver laos 🔍 🎤
⅃ **LOCA - Lao Taxi ...** LOCA COMPANY LI... [열기]	iD **inDrive. Rides wit...** ® SUOL INNOVATIO... [열기]

• 여행자가 이용할 수 있는 국경 진입점

구분	국경	진입점 (이미그레이션)
1	공항	비엔티엔 와타이 국제공항
2	〃	루앙프라방 국제공항
3	〃	팍세 국제공항
4	〃	사바나켓 국제공항
5	중국	루앙남타 (보텐) – 중국 (모한)
6	태국	보케오 (우정의 다리 IV) – 태국 (치앙콩)
7	〃	사냐부리 (무앙응언,Ngeun) – 태국 (난)
8	〃	사냐부리 (켄타오) – 태국 (르이, Loei)
9	〃	비엔티안 (우정의 다리 I) – 태국 (농카이)
10	〃	캄무안 타켁 (우정의 다리 III) – 태국 (나콘파놈)
11	〃	사바나켓 (우정의 다리 II) – 태국 (묵다한)
12	〃	참파삭 주(방타오) – 태국 (총멕)
13	베트남	퐁살리 (팡혹) – 베트남 (디엔비엔푸)
14	〃	후아판 삼느아 (남쏘이) – 베트남 (나메오)
15	〃	씨엥쿠앙 (농헷) – 베트남 (남칸)
16	〃	볼리캄싸이 (남파오) – 베트남 (까우 트레오)
17	〃	캄무안 (니파오) – 베드남 (차로)
18	〃	사바나켓 (덴사반) – 베트남 (라오바오)
19	〃	아타푸 (푸쿠아) – 베트남 (꼰뚬)
20	캄보디아	참파삭 (농녹) – 캄보디아 (스퉁트렝)

• 여행자가 진입할 수 있는 육로 국경 검문소 (체크포인트)

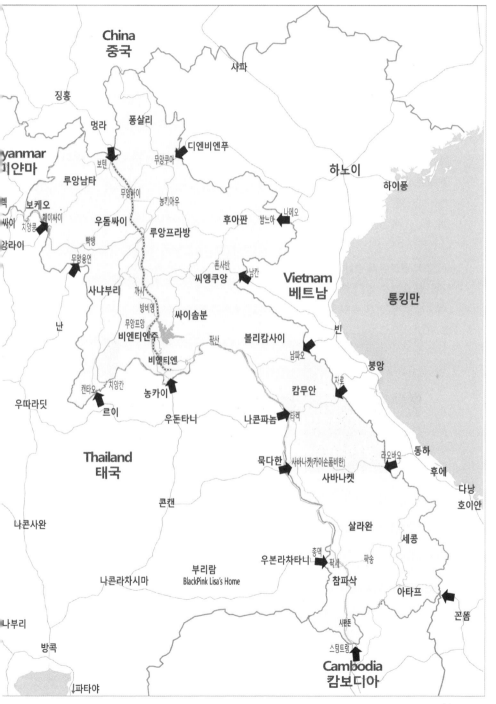

51

• 여행 중 사건사고 발생 시 긴급 전화번호

- 주 라오스 대한민국 대사관

근무시간 중 : +856-21-255-770, +856-21-255-771

근무시간 외 : +856-20-5839-0080

주소 : Embassy of the Republic of Korea, Lao-Thai Friendship Road, Watnak Village,
Sisattanak District, Vientiane, Lao PDR, P.O. Box 7567
라오스어로 "사탄툿 까올리 따이 유 반완낙" 이라고 하면 됩니다.

- 주요 지방 영사협력원

루앙프라방 : +856-20-7777-6748

방 비 엔 : +856-20-5665-9398

팍   세 : +856-20-9893-3955

- 라오스 긴급신고 전화 : 국번 없이 1191 또는 블루 이머전시 폴

긴급신고 접수자 : 공안부 상황실 소속 경찰관 24시간 근무

메콩강변 등 일부 우범지역 비상벨 누르면 경찰관과 화상 연결

- 주재국 응급실

아래 번호를 누르고 위치와 상황을 설명 (큰 건물이나 유명한 곳을 언급)

언어 불가 시 주변 현지인에게 도움 요청

ㅇ 비엔티엔 앰블런스 : 1195 (24시간, 영어 가능)

ㅇ 비엔티안 주립병원 : +856-23-431-011

ㅇ 방 비 엔 군립병원 : +856-23-511-064, +856-20-5562-3256

ㅇ 루앙파방 주립병원 : +856-20-2864-1240, +856-20-2864-1248

- 주 라오스 한인회장 : +856-20-9937-4763

• 고속철도 요금 및 타임 테이블 (2023년 5월 기준)

비엔~루   앙 : 1등석 435,000kip, 2등석 275,000kip, 완행 195,000kip

비엔~방비엥 : 1등석 228,000kip, 2등석 143,000kip, 완행 103,000kip

방비엥~루앙 : 1등석 215,000kip, 2등석 135,000kip, 완행 98,000kip

여행사 및 숙소에 요청 시 위 금액에서 서비스료 5만~8만 낍 추가됨.

- 비엔티엔 → 루앙프라방 → 중국 방면

역명	비엔	폰홍	방비엥	까시	루앙	무앙나	무앙싸이	나모	나떠이	보텐	쿤밍
(km)	0	64	123	167	238	293	339	378	393	406	중국
C86	07:30		08:25		09:25		10:19				
D888	08:08		09:00		09:53					12:37	19:38
C82	08:50		09:45		10:45		11:56		12:28	12:45	
K12	09:20	09:59	10:39	11:10	12:03	12:42	13:15	13:45	14:06	14:23	
C84	14:30		15:25		17:00						

- 중국 → 루앙프라방 → 비엔티엔 방면

역명	쿤밍	보텐	나떠이	나모	무앙싸이	무앙나	루앙	까시	방비엥	폰홍	비엔
(km)	중국	0	13	28	67	113	168	239	283	342	406
C85					10:52		11:48		12:44		13:41
C81		13:30	13:43		14:13		15:05		16:03		17:00
D887	08:08	14:39					15:49		16:42		17:38
K11		15:30	15:45	16:02	16:32	17:05	17:48	18:35	19:06	19:46	20:27
C83							19:00		19:56		20:53

- 티켓 판매시간 및 역사 오픈시간

(더운 건기에 닫혀 있는 시간에 가면 더운 외부에서 기다려야 함)

역명	비엔	방비엥	루앙	무앙싸이	보텐
티켓 판매시간	06:30~10:30 13:30~20:00	07:30~12:40 14:00~19:20	08:30 ~18:40	09:30 ~15:30	09:30 ~15:00
역사 오픈시간	06:30~10:20 13:30~15:10	07:30~12:40 14:00~19:20	08:30 ~18:30	09:30~ 15:10	09:30 ~14:20

• 각 기차역에서 시내로 들어가는 교통비 및 역명 간판 (영어 표기 없음)

- 비엔티엔 : 5만낍(미니밴)　　ວຽງຈັນ　　万象

- 방 비 엥 : 3만낍(미니버스)　　ວັງວຽງ　　万荣

- 루앙파방 : 3만5천낍(미니밴)　　ຫຼວງພະບາງ　　琅勃拉邦

• 기타 라오스 문화

- **막뱅**

출산, 집들이, 질병의 쾌유, 라오 새해, 유학,
특별손님 환영식 등 복을 기원할 때 사용한
다. 결혼식에는 크고 예쁜 것으로 2개를 사용
하고 특별한 날이나 행사를 위해 사원에 갈 때
는 중간크기의 막뱅을 사용하고, 평상시 집이
나 절에서 기도할 때는 작은 막뱅을 사용한다.

- **만캔**

일종의 사람의 몸에서 영혼이 빠져나가지 않
도록 하는 의미로 손목에 감아주며 건강을
기원하는 의식으로 생일, 결혼식 등 모든 행
사에서, 그리고 집에 특별한 손님이 왔을 때
손님에게 만캔 의식을 한다.

- **차량번호판(오토바이포함) 색상 구분**

빨간번호판 : 군인, 경찰　　　　파란번호판 : 공무원

노란번호판 : 개인용　　　　　　하얀번호판 : 렌트카

- **문서 및 계약서 직인 색상 구분**

빨간도장 : 관공서용　　　　파란도장 : 개인 및 회사용

- **라오스 몽족을 라오쑹 이라고 부르는 유래**

몽족은 베트남 전쟁에서 미군의 편에서 싸웠고, 미국을 주적으로 싸웠던 라오스, 베트
남에서 배척 당하고 핍박을 받게 되었으며, 그래서 대부분 산으로 올라가 화전을 일구며
살게 되었던 것에서 유래하여, 몽족은 라오쑹(산 위에서 살고), 라오족은 라오룸(아래
평지에서) 살게 되면서 라오쑹, 라오룸 이라고 불리우게 되었다고 한다.
라오스어 예문) 높은 곳으로 올라가다 : 큰 빠이 번 쑹(위)
　　　　　　　　아래 층으로 내려가다 : 롱 빠이 싼 룸(아래)
라오스 화폐 1,000낍 뒷면에 라오쑹(Hmong, 몽족), 라오룸(Lao, 라오족), 라오텅
(Khmu, 크무족)의 전통 복장이 나와 있다.

• 화폐로 보는 라오스

카이손 대통령과 비엔티엔 탓루앙

쌈느아 비엥싸이 혁명의 거점

카이손 대통령과 비엔티엔 탓루앙

비엔티엔 대통령궁

수력발전소

방비엥 시멘트 공장

우정의다리

우정의다리

수력발전소

수력발전소

라오스 3대 부족

라오쑹, 라오룸, 라오텅

• 라오스 여행 중 가장 조심해야 할 질병

1위 : 뎅기열 Dengue fever (3급 감염병)

뎅기 바이러스를 가지고 있는 모기가 사람을 무는 과정에서 전파된다. 고열 및 발열이 3~5일간 계속되고 심한 두통, 근육통, 관절통으로 잠을 잘 수 없을 정도다.

뎅기열 치료제는 없으나 병원에 입원하여 해열제 등을 투여하고 2~3일 치료하면 대부분 완치된다.

2위 : 설사 및 복통

첫째, 물갈이를 하면서 자연적으로 나타나는 장내질환이다.

둘째, 라오스는 맥주에 얼음을 넣어서 마시고 식당이나 거리에서 파는 음식들이 위생에 대한 관리가 부실하기 때문에 식중독 증상이 나타날 수 있다. 물은 가급적 페트병에 들어있는 것을 사서 마시는 것이 좋다.

• 라오스에서 가장 흔하게 볼 수 있으면서 한국인들이 싫어하는 동물

한글명 : 도마뱀붙이

영문명 : Gekko(깩꼬) 실제 울음소리 또한 "깩꼬" "깩꼬"

라오어 : 찌찌얌(회색 작은놈), 깩꼬(칼라 있는 큰놈)

퇴치법 : 계란껍질을 출입구 및 집 곳곳에 반으로 쪼개진 껍질을 (완전히 부수지 말고) 놔두면 깩꼬가 그걸 보고 근처에 포식자가 있다고 생각하고 도망간다고 한다.

• 라오스에서 주의해야 할 규율

공식적인 숙박업소 외에 현지인 가정에서 숙박을 하려면 라이반(이장님)의 허락을 받아야 하며, 공식 등록된 숙박업소는 매주 투숙객의 개인정보를 경찰서에 제출한다. 현지인 마을에서 단체의 기부 활동도 라이반에게 허락을 받아야 한다. 결혼허가서에도 라이반 도장, 주택 임대계약서에도 라이반 도장이 있어야 공식 문서로 효력이 있다.

이장님(라이반)은 어젯밤 누구네 집에 누가 다녀갔는지 다 알고 있다.

4명 이상의 여행객을 등록된 현지인 가이드 없이 한국인이 가이드를 히고 다니면 불법이다. 실제로 벌금을 내고 여권을 돌려받은 사례들이 있다.

- **60~70%가 태국어와 유사하다.**
- *V를 W로 읽는다. 그래서 사원을 "VAT"이라 쓰고 "왓"으로 읽는다.*

인사, 기본	
안녕하세요. : 싸바이디	빈방 있나요 : 미헝 왕 버?
만나서 반가워요 : 닌디티후짝	이름이 뭐예요 : 짜오 쓰냥?
안녕히가세요 : 라껀	내 이름은 철수입니다 : 커이 쓰 철수
또 만납시다 : 폽깐마이	나는 한국인입니다 : 커이 뺀 콘 까올리
고맙습니다 : 껍짜이	나 : 커이 / 당신 : 짜오
죄송합니다 : 커톳	걸어서 얼마나 걸려요? : 양 빠이 짝 나티?
도와주세요 : 쑤와이커이데	화장실 어디에요 : 헝남 유싸이?

일상생활 속에서 자주 쓰는 라오스어	
덥다 : 허~언	얼음 : 남껀
엄청 덥다 : 허~언 라이라이	생수 : 남듬
자고 싶다, 졸립다 : 커이 약~ 넌	온수 : 남헌
쉬고 싶다 : 커이 약~ 팍펀	컵 : 쩌~억
배고파 : 히우	열쇠 : 까째
닭고기 : 까이	은행 : 타나칸
돼지고기 : 무~	공항 : 싸남빈
고수 빼주세요 : 버싸의팍홈	시장 : 딸랏
짜다 : 켐	병원 : 홍머
시다 : 쏨	**사진찍어도되나요? : 타이훕다이버**
맵다 : 펟	지도 : 팬티
이해하세요? 카오짜이버?	모기약 : 야융
이해하지 못했어요 : 버 카오짜이	비누 : 싸부
이해 했어요 : 카오짜이	에어컨 : 애
직진 하세요 : 빠이 쓰쓰	선풍기 : 팔롬
빨리빨리 : 와이와이	화장지 : 찌아 아나마이
천천히 : 싸~싸~	이불 : 파홈
좌회전 : 리아우 싸이	베게 : 몬
우회전 : 리아우 쿠아	수건 : 파셋나
월요일 : 완짠	침대 : 띠양
화요일 : 완앙칸	오토바이 : 롣짝
수요일 : 완푿	자전거 : 롣팁
목요일 : 완파	열차 : 롣퐈이
금요일 : 완쑥	어제 : 므완니
토요일 : 완싸오	오늘 : 므니
일요일 : 완아틷	내일 : 므은

숫자, 금액 (0 : 쑨)				
1 : 능	10 : 십	100 : 능로이	1,000 : 능판	10,000 : 십판
2 : 썽	20 : 싸오	200 : 썽로이	2,000 : 썽판	15,000 : 십하판
3 : 쌈	30 : 쌈십	300 : 쌈로이	3,000 : 삼판	20,000 : 싸오판
4 : 씨	40 : 씨십	400 : 씨로이	4,000 : 씨판	25,000 : 싸오하판
5 : 하	50 : 하십	500 : 하로이	5,000 : 하판	30,000 : 삼십판
6 : 혹	60 : 혹십	600 : 혹로이	6,000 : 혹판	35,000 : 삼십하판
7 : 쨋	70 : 쨋십	700 : 쨋로이	7,000 : 쨋판	40,000 : 씨십판
8 : 뺏	80 : 뺏십	800 : 뺏로이	8,000 : 뺏판	45,000 : 씨십하판
9 : 까오	90 : 까오십	900 : 까오로이	9,000 : 까오판	50,000 : 하십판

100,000 : 능쎈	1,000,000 : 능란	10,000,000 : 능믄
150,000 : 쎈하	1,500,000 : 능란하쎈	15,000,000 : 능믄하란
200,000 : 쏭쎈	2,000,000 : 쏭란	20,000,000 : 쏭믄
250,000 : 쏭쎈하	2,500,000 : 쏭란하쎈	25,000,000 : 쏭믄하란
300,000 : 쌈쎈	3,000,000 : 쌈란	30,000,000 : 쌈믄

※ 단수의 의미를 갖는 능판, 능쎈, 능란 등은 능을 생략한다.
　예) 1,000kip : 판낍 / 100,000kip : 쎈낍 / 1,000.000kip : 란낍

100단위 숫자가 라오스어는 허이이지만 대부분 태국어 로이(러이)를 사용

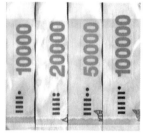
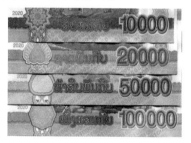

라오스어 금액표시는 다음 페이지를 참고하면 쉽게 읽을 수 있다.

가격 비교 / 물건 비교	
돈 : 응언	이쁘다 : 응암
가격 : 락카	잘생겼다 : 러~
얼마에요? : 타오다이?	이것이 더 이쁘다 : 안니 응암 꾸와
비싸다 : 팽 / 안비싸다 : 버팽	크다 : 냐이 / 작다 : 노이
싸다 : 특 / 안싸나 : 버특	뚱뚱한 : 뚜이 / 날씬한 : 쪼이
깍아줄 수 있어요? : 룻(낮추다) 다이(가능) 버(합니까)	좋다 : 디 / 마음(기분)이 좋다 : 디짜이
~해주세요 : 하이데~ / 깍아주세요 : 룻 하이데~	필요하다 : 아오
가능하다 : 다이	필요없다 : 버아오
불가능하다 : 버다이	있다 : 미~ / 없다 : 버미~
이것 : 안니 / 저것 : 안난	맞다 : 매앤~ / 아니다 : 버매앤~

< 자 음 >

가	ㄱ	ㄲ	
		ກ 꺼	
나	ໜ 너↗	ນ 너↘	ໜຍ 녀↗
	ໝ 너↗		ຍ 녀↘
다	ດ	ㄸ	
	ດ 더	ຕ 떠	
라	ຫລ 러↗	ລ 러↘	
	ຫຼ 러↗	ຣ 르(r)	
마	ໝ 머↗	ໝ 머↗	ມ 머↘
바	ㅂ	ㅃ	
	ບ 버	ປ 뻐	
사	ㅅ	ㅆ	
		ສ 써↗	ຊ 써↘
아	ອ 어	ຫວ 워↗	ຫງ 응어↗
	ຢ 여	ວ 워↘	ງ 응어↘
자	ㅈ	ㅉ	
		ຈ 쩌	
카	ຂ 커↗	ຄ 커↘	
타	ຖ 터↗	ທ 터↘	
파	ㅍ	ㅍ(f)	
	ຜ 퍼↗	ຝ 퍼(f)↗	
	ພ 퍼↘	ຟ 퍼(f)↘	
하	ຫ 허↗	ຮ 허↘	

< 모 음 >

X = 자음위치

		ㅏ		ㅐ
아	Xະ 아	X̍ำ 암	ແXະ 애
	X̍ 아~		ແX 애~
야	ເX຺ຍ 이야	X̍ﾗຍX 이야	
	ເXຍ 이야~	XﾗﾗX 이야~	
		ㅓ		ㅔ
어	ເXﾗະ 어	X̂ 으어	ເXະ 에
	X̍ 어~	ເX̂ 으어~	ເX 에~
여			
		ㅗ	ㅘ	
오	ໂXະ 오	X̂ວະ 우와 ·	
	ໂX 오~	X̂ວX 우와	
	ເXໍﾗ 아오	X̂ວ 우와~	
요			
우		ㅜ		
	X̥ 우	X̥ 우~	
유			
으		ㅡ	ㅢ	
	X̂ 으	ເX̂ອ 의아	X̂ອX 으아
	X̂ 으~	ເX̂ອ 의아~	X̂ອX 으아~
이		ㅣ		
	X̂ 이	ໄX 아이	
	X̂ 이~	ໃX 아이	

훼이싸이는 메콩강을 경계로 태국과 국경이 맞닿은 라오스 북부 도시로 많은 서양 여행객들이 태국에서 라오스로 넘어와서 이곳에서 슬로우 보트를 타고 루앙프라방으로 들어가는 관문이기도 하다.

태국 치앙라이 또는 치앙콩에서 넘어오는 여행객이 도착하는 11시 이후 시간인 11시 반~12시 사이에 출발한 보트는 오후 5시경 중간 기착지인 빡뱅 마을에 도착한다.

한국에서 라오스행 직항은 없으나 방콕 직항이 있는 지방의 경우 또는 비엔티엔 직항 항공료가 비싼 시기, 특별한 여행을 원하는 여행자들을 위한 추천 경로로써 아래와 같이 라오스 여행을 시작할 수 있다.

첫째 날 : 한국 → 방콕(25만 원) → 치앙라이(4만 원)까지 비행기로 이동
　　　　치앙라이공항 택시 매표소에서 치앙라이 터미널1까지 이동(170밧)
　　　　차앙라이 터미널1 앞 오키드(400밧) 체크인 후 나이트바자 투어

둘째 날 : 치앙라이 터미널1에서 7시 30분 첫차로 국경까지 이동(120밧)
버스 이용자는 현지인이나 동양인은 거의 없고 대부분 유럽 여행객들이다.

태국 치앙콩 출국심사 후 매표소에서 라오스 국경행 버스표 구입(25밧)

태국 국경 출구에서 보케오행 버스탑승, 라오 국경 입구에서 입국카드 작성

라오스 보케오 국경 입국심사 후 시내까지 뚝뚝 타고 이동(100밧)

• 슬로우보트 종류 및 운임

- 스피드보트

훼이싸이~루앙프라방을 하루에 주파하는데 위험해서 추천하지 않음

- 일반 슬로우보트

① 훼이싸이 머물지 않고 바로 출발하려면 선착장 매표소로 가서 빡뺑까지는 150,000kip,
루앙프라방까지는 300,000kip에 티켓 구입 후 바로 승선

② 훼이싸이에서 1박 후 가는 경우 여행자거리 숙소에서 예약신청 하면 위 금액에 픽업비
추가하여 지불하면 된다. 식사나 간식은 따로 준비하거나 배에서 따로 사먹어야 한다.

- VIP 슬로우보트 (유람선)

요금은 170$~230$이며 식사 및 간식이 무제한 제공되고 보트 소음이 없어서 일반 보
트에 비해 더 부드럽고 안락하다. 이 유람선은 프랑스인 오너가 운영하고 있으며, 루
앙프라방 사다호텔 및 빡뺑 디피게스트하우스를 같이 운영하고 있다. 이동하는 중간
에 빡우동굴 및 현지인 마을 투어가 포함되어 있다.

• 기번익스피어리언스

훼이싸이는 남칸 국립공원의 기번익스피어리언스를 즐기기 위해 찾아가는 여행자들이 많다. Gibbon(긴팔원숭이), 4가족, 약 12~14마리가 살고 있는 것으로 알려졌으며, 2박 3일간 현지 음식과 나무 위의 숙소에서 숙박을 하고 숙소 이동은 짚라인을 통해 이동하는 것이 특징이다. 체험 프로그램 참여는 훼이싸이 기번익스피어리언스 사무실에 신청하면 되고, 2023년 1월 기준 2박 3일 코스가 325$이며 매일 아침 출발한다.

• 골든트라이앵글

훼이싸이는 보케오 골든트라이앵글(Golden Triangle Special Economic Zones) 신도시와 연결되는 길목으로 최근 공항 및 40만 평 72홀 규모의 골프장이 건설되었다.

• 카르노요새 (Fort Carnot)

유일한 프랑스 식민지 시절의 군사시설의 흔적으로 1900년대 프랑스 보호령(식민 통치) 시절 강과 마을이 한눈에 내려다보이는 망루(요새)로 영국령 버마(미얀마)와 라오스 사이의 매콩강을 통한 수상 교통을 감시하는 데 전략적으로 매우 중요하다고 판단하고 축조되었다.

카르노의 정리를 증명한 프랑스의 공학자이자 수학자로 나폴레옹 시절 내무, 국방장관을 지냈던 라자르 카르노(1753~1823)의 이름을 따서 명명되었다.

요새 내에는 감옥 및 병원과 연결되는 지하 통로까지 갖추고 있다.

프랑스인 장교 1명과 현지인 병사들이 지켰다고 하는데 지니간 역사의 한 페이지를 밟아보는 색다른 느낌을 받는 곳이다. 다만 라오스 정부의 관심 부족으로 전혀 관리가 되지 않고 있는 것이 아쉬움으로 남는다.

약간 외진 곳에 있다 보니 특히 여성 혼자 가는 것은 추천하지 않는다.

• 왓쭘카오마니락 사원

여행자거리에서 계단으로 올라갈 수도 있고, 뚝뚝을 타고 차가 다니는 길로 올라갈 수
도 있다.

• 적십자 스팀사우나 (Herbal Steam Bath)

시설이 좋은 건 아니지만 여행의 피로를 풀기 위해 한번 들러 볼 만하다.

• 드림 베이커리 (한인 업소)

• 하우 레스토랑 (Bar How)

여행자거리 중심부이고, 호스텔을 같이 하는 식당이다.

• 한 께오 레스토랑 및 켁코 빠

입맛이 없을 때 한께오 식당에서 카오쏘이로 한 끼 떼우기에 적당하다.

• 뷰포인트 루프탑 빠

코로나 이후 새 단장을 했으며 저렴한 가격에 메콩 멍때리기에 적합하다.

• 카페 나인

낮에는 별로 손님이 없지만 야간에는 삼겹살 뷔페를 먹을 수 있다.

• 폰윗찐 게스트하우스 (20만 낍)

훼이싸이 슬로우보트 선착장이 내려다보이는 메콩강뷰 게스트하우스이며 여행자거리에서는 조금 떨어져 있지만 보트 선착장 앞이라 편리함도 있다.

• 리버사이드 훼이싸이 호텔 (30만 낍)

시내에 위치해 있고, 발코니에서 메콩강 석양을 볼 수 있는 호텔이다.
가성비로는 훼이싸이 여행자거리에서 가장 추천할 만한 곳이다.

많은 유럽 여행객들이 이곳을 통해 루앙프라방으로 이동하는 중간 기착지이며 조용하고 작은 마을로 휴양지로도 손색이 없고, 메콩강변 식당에서 비어라오를 마시며 석양을 감상하기에 꽤 괜찮은 곳이다.

대부분 슬로보트를 타고 루앙프라방으로 이동하지만 버스를 타고 무앙싸이로 이동 후 농키아우로 넘어갈 수도 있는데 빡뱅터미널에서 오전 8시 반 버스를 타면 오후 1시~2시 사이 무앙싸이 터미널에 도착한다.

DP게스트하우스 (15~20만 낍)

돈빌라삭 게스트하우스 (15만 낍)

온흐안 (Ounhouan) 레스토랑

쌩캄 (Sengkham) 레스토랑

• 빡뱅 뷰포인트

시내에서 20~30분 정도 올라가면 산 위에 빡뱅 초등학교가 나온다 초등학교 바로 뒤편에 뷰포인트가 있다.

• 빡뱅 선착장

선착장 앞에 여행자 대기소가 여행안내소가 마련되어 있다.

• 쌩츄어리 리조트(130$)

메콩강이 내려다 보이는 객실과 수영장이 항상 깨끗하고 조용한 곳으로 휴양지로써 안성맞춤인 곳이다.

퐁살리는 녹차의 도시로 유명한 곳이며 라오스 최북단에 위치한 산악 지역으로 아카족 등 다양한 소수민족이 있으며, 퐁살리를 보트로 가는 경우 농키아우, 무앙응오이, 무앙 쿠아, 핫싸를 지나 2박 3일 메콩강을 거슬러 올라간다.

• 아카족이 많이 사는 퐁살리

• 퐁살리 시내 풍경

• 녹차밭

산을 태워서 화전으로 개간한 녹차밭이 도시 외곽을 뒤덮고 있다.

• 퐁살리 공항 (분느아)

퐁살리를 가장 빨리 가는 방법은 라오스카이웨이에서 운행하는 프로펠러 항공기를 이용하면 된다.

공항이 시골 터미널보다 더 작고 귀엽다. 비행기 탑승시 귀마개를 나눠준다. 프로펠러 소음 때문에 매우 시끄럽기 때문이다.

• 기숙학교 (남우강 퐁살리 선착장 근처)

원거리 학생들이 많아서 교실 한칸을 기숙사로 사용하고, 매일 아침 기상과 함께 공동 우물에서 세면을 하고, 공동 취사장에서 아침 식사를 해서 먹는다.

• 학생들 공동취사장 및 수업중인 학생들

무앙싸이는 중국에서 루앙프라방으로 들어오는 중간에 위치한 도시로 중국인들이 많이 살고 있으며 가볼 만한 곳으로는 무앙싸이 시내 중심부 언덕 위에 푸 탓 파고다 (Phu That Pagoda) 및 우돔싸이 박물관이 있다.

• 남깟욜라파 (70$)

Nam Kat Yola Pa는 6,000헥타르의 숲 한가운데에 흐르는 맑은 강줄기를 따라 위치한 숙박 및 체험 여행을 할 수 있는 고급 복합 리조트 단지이다.

유기농 농장, 휴식을 원하는 사람들을 위한 데이스파, 강이 내려다보이는 야외 피트니스 센터, 산의 전경을 조망할 수 있는 인피니티 풀. 리조트에서 일하는 대부분 직원은 크무마을 출신이다.

- 크무족 축제

우돔싸이는 크무족 분포가 많은 도시로써 지역에서는 매년 한국 설 연휴기간과 같은 시기에 크무족 축제가 열린다.

- 리타비싸이 게스트하우스 (Litthavixay G.H) 180,000kip

무앙싸이는 중국과 라오스의 육로 경유지로써 중국인들이 많이 거주한다.

시내에 중국인이 운영하는 숙소가 많은데 이곳은 라오스인 노부부가 오랜 기간 운영하고 있는 곳으로 시설은 낡았지만 따뜻한 정을 느낄 수 있는 곳이다. 로비 벽면의 예쁜 그림을 감상할 수 있다.

5. 농키아우 (루앙프라방주)

농키아우는 루앙프라방주에서 가장 인기 있는 관광지로 최근에 여행객들이 많이 찾는 곳이다. 중국에서 건설한 메인 교량을 중심으로 여행자거리가 형성되어 있으며, 교량 위에서 보이는 풍경이 매우 아름답다.

파댕 뷰포인트 (약 50분 소요)

파솜낭 뷰포인트 (20분 소요)

파노이 뷰포인트 (30분 소요)

남우강 메인 교량 및 교량에서 바라본 남우강 북단

• 농키아우 터미널 가는 방법

1. 루앙프라방 숙소 또는 여행사에서 농키아우 가는 미니밴 예약하면 아침 8시경 픽업
2. 무앙싸이 기차역에서 내려서 버스 터미널에서 미니버스를 이용
   (농키아우행 버스가 끊겼을 경우 빡몽까지 버스로 이동 후 뚝뚝 이용)

• 반나양 마을 (Ban Nayang Tai)

빡몽 터미널에서 농키아우 방향으로 10~20분 거리에 있는 직물생산 마을로 루앙프라방
관광청 지정 다수의 홈스테이 가정집이 있다.
직물 제품은 루앙프라방에서 한국인이 운영 중인 개비스튜디오에서도 판매한다.

• 농키아우 첸나이 레스토랑 및 피자 앤 파스타

인도 전통음식을 맛볼 수 있는 곳으로 루앙프라방 메콩강변에 본점이 있다.
피자앤파스타는 프랑스인 쉐프가 직접 운영하는 곳이다.

첸나이 레스토랑　　　　　　　　　　　　피자 앤 파스타

• 우 리버하우스 (OU RIVER HOUSE) 250,000kip

선상 호텔로 현지인들에게 인기 있는 숙소이다.

· 뷰포인트 호텔 (트립어드바이저 1위, 30$)
호텔 발코니에서 마을 전체가 내려다보이는 전망이 좋고 방이 깨끗하다.

· 농키아우 리버사이드 리조트 (Nong Kiau River Side) 35$
건물 전체가 통나무와 대나무로 지어진 독특한 구조이다.

· 캄판 게스트하우스 리버뷰 (Kham Phan G.H Riverview) 200,000kip
가성비로 가장 추천할 만한 곳이다.

• 농키아우에서 무앙응오이 보트 타고 넘어가기

보트에서 보면 양쪽 강변에 끝없이 펼쳐진 오렌지 농장들을 볼 수 있다.

• 메종 드 농키아우 (Maison De Nong Khiaw)

무앙응오이 보트 타고 갈 때 보기에는 멋있는데 막상 가 보면 실망할 수 있다.

• 농키아우 선착장 및 무앙응오이 선착장

도로 포장이 안되어 있어서 비가 오면 육로 통행은 매우 위험하다.

소박한 시골 마을이므로 호화로운 숙박 시설은 없지만 자연 그대로의 모습을 보고 느낄 수 있는 곳이다. 서양인들이 많이 찾는 유명한 마을이다.

• 탐캉동굴

무앙응오이에서 반나마을 가는 길에는 숲속의 요정이 나타날 듯한 동화 같은 풍경의 개울(골짜기나 들에 흐르는 작은 물줄기)과 작은 동굴이 있다.

이곳은 유튜브 "배낭여행 나나차차" **세상 사람들 여기 다 알았으면 좋겠어. 라오스 시골 마을 "므앙응오이"** 편을 참고하면 도움이 된다.

• 반나 마을 가는 길

반나 마을은 최근 유튜브 영향으로 많이 알려진 곳이다. 자전거를 타고 20~30분 거리이며 마을 자체 보다는 마을로 가는 풍경이 너무 예쁜 곳이다.

• 무앙응오이 깩꼬레스토랑

한국인 여성이 라오스 남성과 결혼해서 운영 중인 레스토랑이다.

• 반솝콩 마을

농키아우에서 무앙응오이 가는 뱃길 우측에 있는 마을은 외부 세계와 단절된 듯한 마을
이며 농키아우에서 40만 낍을 내고 전용 보트로 타고 무앙응오이로 들어가면서 중간에
방문할 수 있다. 마을 입구에는 대장간이 있다. (파란색 산소 발생기를 수동으로 펌핑을
하면 쇠붙이가 빨갛게 달궈진다)

• 반솝콩 옌사바이 오가닉 팜 홈스테이 (현지 농촌체험 프로그램)

라오스 오지 농촌마을에서 숙박을 하면서 현지인과 함께 살아보고 수익금은 우물 같은
급수시설 건설 등 열악한 현지인들의 생활을 개선하는데 쓰인다.
30만낍~50만낍의 홈스테이 비용에는 3시세끼 식사가 모두 포함되어 있다.
그곳은 주변에 식당도 없고, 인터넷도 안되는 자연 그대로의 마을이다.
옌사바이 오가닉팜 홈스테이 근처에는 걸어서 갈수 있는 타묵폭포가 있다.

7. 루앙프라방

라오스의 역사가 가장 많이 묻어 있는 곳이다.

600년 이상 란쌍왕국의 통일수도로써 라오스의 정치 문화 종교의 중심 도시였다.

1995년 도시 전체가 유네스코에 등록되었으며 서양 관광객들이 많이 찾는 여행지다.

2008년 죽기 전에 꼭 가 봐야 할 여행지 1위

: 뉴욕타임즈

2014년 최고의 관광도시 1위

: 영국 여행 잡지〈원더리스트〉설문조사

2014년 최고의 관광 도시		
순위	도시(국가)	점수
1	루앙프라방(라오스)	97.14
2	바간(미얀마)	95
3	스톡홀름(스웨덴)	94.74
4	교토(일본)	94.29
5	호이안(베트남)	94.12
6	벤쿠버(캐나다)	93.85
7	베를린(독일)	93.51
8	로마(이탈리아)	93.13
9	빈(오스트리아)	92.86
10	크라쿠프(폴란드)	92.5

※자료 = 원더러스트

사진 출처 : 2015-02-22 매일경제

· 2017년 오바마 대통령 방문지

방문 1주일 전부터 정찰기가 루앙프라방 상공에 떠 있었고, 수풀로 우거져 있던 남칸강은 잡초까지 모두 제거되기도 했었다.

오바마는 왓씨엥통 방문 및 왓씨엥무안 앞 메콩강변에서 코코넛을 먹고, 동네 어르신과 어린아이한테까지 두 손을 합장하며 허리 숙여 공손히 인사하고 다녔던 모습에 현지인들 사이에 "미스터 프랜들리"로 불리기도 했었다.

• 황금사원 왓파오 Wat pa phon phao

푸시산 전망대에서도 보이는 5층 금탑 사원으로 해외에 거주중인 라오스 교포들의 성금으로 만들어진 사원이다.

2018년 인디아나존스 주연배우 헤리슨 포드가 불상을 기부한 사원이다. 헤리슨 포드는 또한 루앙프라방에 있는 민족학 센터를 방문했고, 그의 아내이자 유명 여배우인 칼리스타 플록하트와 아들도 사원과 박물관을 방문하는 데 동행했다.

• 새벽탁발 (가장 많은 탁발행렬을 볼 수 있는 팅캄게스트하우스 앞 4거리)

팅캄게스트하우스 앞 사거리에서 가장 많은 탁발행렬을 볼 수 있다.
탁발진행시간 : 동절기 6시 시작, 하절기 5시반 시작, 약 40분간 진행

• 꽝시폭포

머리부터 입수하는 수직 다이빙 및 폭포 위 동굴 탐험은 매우 위험하다. 상류는 수심이 깊고 아래로 내려오면 발만 담글 수 있는 계단식으로 이어져 있으며, 우기철에는 물살이 강해서 물놀이가 어렵다.

건기(위쪽 사진) 및 우기(아래쪽 사진)에 따라 물 색깔이 다르다.

투어 미니밴 예약은 묵고 있는 숙소에 요청하면 5만 깁 내에서 예약 가능하며 폭포에 약 3시간 후 자유 시간 후 그 차를 타고 돌아오면 된다.

• 땃새폭포

건기에는 폭포 물이 없어서 바닥이 보일 때도 있고 우기에는 물이 너무 많아서 흙탕물일 때도 있지만 우기가 끝난 후 11월, 12월이 물빛이 가장 아름다운 에메랄드빛을 볼 수 있다.

86

땃새 폭포는 보트를 타고 들어가야 하며 코끼리를 타고 폭포에서 물놀이를 하고 근처 숲을 돌아오는 체험을 할 수 있다.

• 푸시산
루앙프라방의 가장 중심이며 산꼭대기에는 탓촘시(That chomsi)가 있으며, 28m 높이의 황금탑이 있다.

푸시산을 올라가는 루트는 총 4개가 있다. 대부분은 왕궁박물관으로 올라가서 다시 왕궁박물관 앞으로 내려오는데 좌측 전망대 방향, 우측 민족학연구소 뒷길, 남칸강변 방향도 있으며 개인적으로 남칸강 전망대 및 동굴 등을 경유해서 가는 오페라하우스 옆 골목으로 올라가는 것을 추천한다.

• 뱀부브릿지를 본 사람과 못 본 사람

이 대나무 다리는 항상 있는 다리가 아니고 건기인 매년 10월에 설치했다가, 다음 해 5월에 철거하는 임시가설 대나무 다리다. 강바닥 모래턱에 대나무를 임시로 꽂아서 엮는 구조라 우기철에는 수위가 많이 올라가서 잠겨서 위험할 뿐 아니라, 물살에 떠밀려오는 수초나 나뭇가지로 다리가 훼손되기 때문에 우기 시에는 다리를 설치해 놓을 수 없다.

• 옥팝톡 직물공장 및 체험장

누에고치에서 실을 뽑아서 마당에서 직접 실을 뽑고, 직물 공장을 운영하며 직조 및 천연 염색 체험장도 갖추고 있다.

이곳 레스토랑에서 식사를 하고 차를 한 잔 마시며 메콩강을 바라보고 있으면 세상에 모든 스트레스가 사라지는 듯 마음의 평온을 찾을 수 있는 곳이다.

• 푸시시장

루앙프라방 최대 재래시장으로 4시 이후 장을 접는다. 옥팝톡과 인접해 있기 때문에 오전에 들러서 구경하고 옥팝톡에서 점심 식사를 하면 된다.

• 왕궁박물관 (haw kham)

라오스의 옛 수도 란쌍 왕국의 마지막 왕조가 거주했던 곳이었으며, 뒤편 차고에는 과거 왕이 타던 차량들이 전시(내부 사진 촬영금지)되어 있다.

• 호파방 (Haw Pha Bang) : 루앙파방 지명의 유래

왕국박물관 입구 오른쪽에 있는 사원으로 파방(황금불상)이 모셔져 있으며 무게가 50kg이라고 한다. 비엔티엔 호파깨우 사원에 있는 파방은 모조품이고 이곳에 있는 것이 진품이다. (내부 사진 촬영 금지)

• 왓 시엥통 Wat Xieng Thong

1548년~1571년 재임했던 셋타티랏 왕에 의해 1560년에 지어졌으며, 이후 프랑스 점령기 시절 복원되어 현재까지 이르고 있으며 수많은 외침에도 전혀 피해를 받지 않았다. 2017년 오바마 대통령이 임기 중 방문했던 곳이다.

왕의 대관식이 열리던 사원이며, 라오스를 대표하는 사원이라 할 수 있다
특히 유리조각 모자이크로 생명의 나무 및 부처의 수행하는 모습이 묘사 되어 있는 붉은 법당은 여행자들의 포토존으로 유명하다.
주요 벽 중 하나인 생명의 나무는 부처와 여러 신이 있는 천국, 사람과 나무가 있는 지구, 인간의 죄에 대한 형벌을 받는 장면이 있는 지옥, 이렇게 세 가지의 세계를 묘사했다고 한다.

• 왓 씨엥무안 Wat xieng muan

10월 억판사 축제에서 가장 멋있는 사진이 찍히는 사원이다.

이 왓씨엥무안 사원 내에는 유네스코에서 지원하는 불교, 사원 건축과 관련된 조각, 회화 등을 가르치고 실습하는 학교가 있다.

• **왓마이 사원** Wat mai

황금으로 장식된 본당의 기둥 및 회랑으로 조각된 벽이 유명하다. 이 사원에 들어가는 동자승은 강남 8학군처럼 인기가 있어서 집안의 배경이 좋아야 한다는 이야기가 있다.

• **왓 위순나랏** Wat Visunalat

1513년 지어진 루앙프라방에서 가장 오래된 사원이다. 이곳은 부처님의 가슴뼈 일부가 들어 있다는 불탑 탓 빠툼 That Pathum이 있다.

• 여행자거리의 풍경

66년간의 프랑스 식민지 수도 도시의 면모를 볼 수 있는 곳이다.

• TAEC (Traditional Arts & Ethnology Centre)

라오스 전통예술 및 민족학 센터에는 부족별 전통의상 및 역사에 대한 상세 정보를 얻을 수 있고, 내부에는 카페가 있어서 차를 마실 수 있는 공간이 별도로 마련되어 있다.

특히 몽족 및 카무족의 일반 가정집을 똑같이 재연한 집이 만들어져 있어서 현지인들의 실생활을 현실감 있게 만나 볼 수 있다.

여행 중 피곤할 때 들러서 차 한 잔 마시며 한숨 자고 나오고 싶은 곳이다.

• 맹인마사지 (Souvanh Massage, 현지인만 아는 최고의 마사지)

실제 맹인 안마사만 있으며 가격도 저렴한 가성비 최고의 마사지 집이다.

• 여행자거리 골목길

루앙프라방 여행자거리의 모든 골목길은 유네스코에 등록되어 보존되고 있어서 여유가
있다면 골목길을 걸어 보는 것도 색다른 여행이 될 수 있다.

• 유토피아

메콩강변에 위치한 배낭여행자들의 성지와 같은 곳으로, 내부에 배구코트 운동장도 있
고, 요가 강습을 하는 곳으로도 유명했던 곳이다. (코로나 이후 2023. 3월 현재까지 휴업
중이다)

• 남칸썬셋 카페
유토피아와 경쟁하듯 최근 새로 오픈한 야외 카페로 올드 브릿지와 남칸강변을 배경으로 경치가 좋은 곳이다.

• 빈티지 전기차
조마1 베이커리 뒤 마이라오홈 게스트하우스에 문의하면 된다.

• UXO 센터 (불발탄 제거 프로젝트)
베트남 전쟁 당시 미군의 폭격으로 발생한 불발탄을 제거하는 활동 모습 및 전쟁의 실상 등을 알리는 교육장이라고 할 수 있는 곳이다. 한국인이 운영하는 어린왕자카페 식당에서 소피텔 방향 골목으로 들어가거나, 수파누봉 공원 뒤 골목으로 들어가면 된다.

• 뱀부트리 가든 레스토랑 & 쿠킹 스쿨 (Bambo Tree Cooking School)
여행자거리에 레스토랑이 있고, 외곽에 아주 멋진 쿠킹 스쿨 가든이 있다.

• 소수민족마을

몽족 및 크무족마을 초등학교 (반롱, 꽝시폭포 트래킹 시작 지점)

크무족마을 초등학교 (반훼이통, 땃통폭포 트래킹 도착 지점)

• 그린정글파크

왕궁박물관 뒤에서 배로 10분, 뚝뚝으로 10분 들어가면 1,500여 종의 꽃이 있는 넓은 정원, 허이쿠아 폭포, 짚라인, 캠핑장, 수영장 등이 있다.

• 허이쿠아 폭포의 전설

18~19세기 중국 호족의 침략으로 주민들은 폭포 뒤의 동굴로 피난했다. 침략자들이 도착했지만 아무도 보이지 않았고 버려진 집만 있었다. 침략자들은 폭포 소리를 듣고 폭포에 물을 마시러 갔다가 동굴에서 아이가 우는 소리를 들었다. 침략자들은 그것이 유령이라고 생각했고 그들은 큰 돌을 사용하여 동굴 입구를 막아 버려 100가구가 동굴 안에 갇혀 모두 죽게 되었다. 그래서 허이쿠아 hou khoua (100 가족) 폭포라고 부른다고 한다.

• 쫌팻마을

왕궁박물관 뒤 선착장에서 동력 바지선 배를 타고 쫌팻 선착장에 내려서 직진하면 그린정클파크, 오른쪽 나무다리를 건너서 들어가면 작은 마을이 나오는데 사진속 멀리 산위에 보이는 왓쫌팻 사원까지 다녀오는 산책 코스로 쫌팻 초등학교 등 시골 마을을 구경할 수 있는 운치 있는 마을이다.

• 케오 폭포

꽝시폭포 가는 길목 우측에 있는 폭로로 시간적인 여유가 된다면 꽝시폭포의 작은집 케오폭포 에서 점심 식사를 하는 것도 좋다. 사람들이 많이 찾지 않는 곳이라 조용하고 꽝시폭포와 다른 멋있는 풍경을 볼 수 있다.

• 야시장 (몽족야시장)

지역의 4개 마을 이장단이 일정 기간을 돌아가며 공동 운영하며, 각 매대로부터 매달 일정 금액을 자릿세로 받고 있다. 매일 오후 4시쯤부터 좌판을 벌리기 시작한다. 그래서 야시장 구간 도로는 교통이 통제된다. 야시장의 뱀술은 위생 상태를 알 수 없고 반입금지 품목이므로 구입하지 않는 것이 좋다.

만오천 낍 뷔페 골목은 푸드코트가 생기면서 옛 추억이 사라져 아쉽다.
과거 이 골목은 유럽 배낭여행자들로 인산인해를 이루었던 유명한 명소였다.

• 여행자거리의 중심부 카페 거리 (밤에 유럽 여행객들이 많음)
푸시산 쪽 거리 전체가 밤이 되면 서양 여행객들이 즐겨 찾는 곳이다.

보우앙, 레인포레스트, 유니유폰   탄고르

새나   오페라하우스

마오린 타번 (20년전 유럽 시골마을 맥주집에 온 분위기다.)

• 포폴로 레스토랑

생긴 지는 오래되지 않은 식당이지만 트립어드바이저 1위~2위를 달리고 있는 여행자들에게 인기 있는 곳이다.

• 삭 (Sack) 레스토랑 (구블루라군)

왕궁박물관 옆에 있던 블루라군이 이전하여 새로운 이름으로 오픈하였는데 이전보다 맛이 더 좋아졌지만 뚝뚝을 타고 가야 하는 불편함이 있다.

• 바이오뱀부 레스토랑

위 Sack 레스토랑에서 한 블럭 안쪽으로 들어가면 있는 대형 레스토랑

• 옌사바이 레스토랑 (Dyen Sabai)

남칸강 대나무다리를 건너자마자 있는 레스토랑이며, 우기에 대나무 다리가 철거되면 공항 가는 방향의 철교로 우회해서 돌아가야 한다.

• 피자판루앙 (트립어드바이저 맛집 1위~3위)

남칸강 대나무 다리를 건너가서 100m 직직하면 하얀 간판이 보인다. 우기에 대나무 다리가 철거되면 공항 가는 방향의 철교로 우회해서 돌아가야 한다.

• 만다 데 라오스 (베트남 영사관 앞)

음식 맛과 분위기가 좋은 고급스러운 퓨전 레스토랑이다.

• 뚜뚜 레스토랑

왕궁박물관 우측 담장 길가에 있는 카오삐약, 카오쏘이 전문점인데 한국인들에게 인기가 많은 식당이다. 키가 작고 귀여운 주인집 딸 이름이 뚜뚜다.

• 굿피플, 굿푸드, 굿프라이스 식당

현지인들이 많이 가는 식당이다. 라오스 스타일 주인아저씨가 약간 무뚝뚝하지만 뭐든 이야기 하면 잘 챙겨 주신다.

• 아침 닭죽 집

야시장입구 4거리에서 메콩강 쪽으로 내려오면 3거리 코너에 닭죽 전문점 2곳이 있는데 한국인의 입맛에는 오른쪽 집이 더 맛있는 것 같다. 죽은 "쪽"이라 부르고 튀김 빵은 "카놈"이라고 부른다. 길 건너 메콩강변 야외 테이블을 이용할 수도 있다.

• 카오소이집 (오전에만 운영)

• 취리히 브레드 앤 카페 (일리커피)
태국의 유명 대표 빵집 취리히 브레드 베이커리와 커피로 유명한 일리커피를 한곳에서
같이 맛볼 수 있는 곳이다.

• 깸칸 바비큐 (루앙프라방 신닷 맛집)
왓쎈 사원 앞 빌라센숙 왼쪽 골목으로 내려가면 나오는 바비큐 식당이다.
남칸강 변에서 보면 야외파티 라는 간판이 나무에 걸려있다.
저렴하고 맛있는 곳으로 오후 5시 이후부터 영업을 시작한다.

• 미네랄커피

땃새폭포 가는 길 오픈 쪽에 호수와 감귤밭을 배경으로 야외 타프를 설치한 특이한 카페가 있다. 커피와 크로와상도 맛있다.

땃새폭포 다녀오는 길에 잠깐 들러서 쉬었다 오기 괜찮은 곳이다.

• 뷰캥눈 및 돈캥눈 유원지

루앙프라방 기차역 가는 길 왼쪽에 있으며 두 곳은 300m 간격으로 있다.

• 풀문 카페 및 다오빠 나이트 클럽

• 88 Sushi bar & Restaurant

코로나 이후 최근에 문을 연 스시 전문 레스토랑이다.

• Best Cafe Luang Prabang

코로나 이후 새롭게 오픈한 신닷 레스토랑으로 오후 2시부터 저녁 9시까지 영업을 하며 접시당 12만낍부터 시작하는 저렴한 식당이다.

• 코마커피

최근 새로 오픈한 커피숍으로 서양 여행자 및 현지인들 사이에 인기가 있으며 자연채광 천장 등 독특한 실내 디자인을 볼 수 있다.

• 메콩강 선상 디너 (Khopfa Mekong Sunset Cruise)
매일 오후 4시 15분 출발 2시간 코스, 15$

• 메콩강 선상 디너 (River Sun Laos)
매일 오후 4시 30분 출발 2시간 30분 코스, 38$

• 루앙프라방 코코넛빵
달콤한 코너넛과 부드러운 풀빵이 입에 넣으면 사르르 녹는 맛이 일품이다.

• 아바니 호텔 (250$)

1914년 프랑스군 숙소로 지어졌으며, 푸시호텔로 운영하다가, 2018년 재건축을 통해 AVANI+ 호텔로 개관하였으며, 2018년 이 호텔을 이처럼 예쁘게 꾸며 놓았던 스페인 출신 알레한드로 베르나베 총지배인은 2019년 서울 포시즌호텔 총지배인으로 부임하였고 2023년 1월 현재도 근무 중이다.

• 카오니야우 팜스테이

탁 트인 논을 중심으로 저렴한 가격의 농촌 체험 숙박 시설로 6~7명 도미토리 및 개인실 객실로 나뉘어 있다.

• 아만타카 호텔 (1,100$ 부터)

한국의 특급호텔 수준의 가격이며 대부분 방마다 개인 수영장이 있다. 식민지 시절 프랑스군 야전 병원이었던 곳을 호텔로 개조한 곳이다.

• 남칸 에코로지

남칸강변에 위치한 복합 레저단지로 프로그램 메뉴판서 볼 수 있듯 다양한 숙박 컨셉, 다양한 엑티비티, 농장체험 등을 할 수 있다.

• 씨엥통펠리스 호텔 (120$)

외롭게 지내는 공주를 생각하면서 지었다는 유래가 있는, 라오스 왕가의 마지막 거주지를 호텔로 운영 중인 빅토리아 시엥통 궁전이다.

• 마이 라오홈 게스트하우스 (30$ 이상)

조마 1 베이커리 바로 뒤에 있으며 전기차 및 오토바이를 렌트할 수 있다. 접근성도 좋고, 숙소가 깨끗해서 성수기에는 예약이 쉽지 않다.

• 저렴한 숙소들 (10$~15$)

빌라 필라일락   호시엥

라오라오 홈

T.T 퍼스트

• 봉프라찬 호스텔 (10$ 미만)

왓위순 건너편 적십자 마사지 뒷골목에 있으며 서양 배낭여행객들을 많이 볼 수 있다.
바로 옆에 뱀부가든 레스토랑이라는 작은 로컬 식당이 있다.

• 메리 리버사이드 호텔 (30$~40$)

남칸강변 뷰는 최고인데 큰길가에서 골목 안으로 좀 들어가야 한다.
강 건너에는 평점이 우수산 마이드림 부티크 리조트가 있는데 마이드림 부티크는 대나
무 다리가 철거되는 우기에는 멀리 돌아서 가야 한다.

• 빌라 킹캄 게스트하우스 (20$~30$)

강변 뷰 게스트하우스 중에는 저렴하고 깨끗한 곳이다. 여행자거리와는 거리가 좀 있어서 저녁에 혼자 다니기에는 좀 불편할 수도 있다.

• 노라싱 게스트하우스 (20만깁)

시설은 낡았지만 어디로 가든 접근성이 가장 좋은 위치에 있다.

• 앙리무오 기념공원

캄보디아의 밀림에 숨어 있던 앙코르와트를 처음 발견했다는 프랑스 탐험가 앙리무오가 루앙프라방에서 머물다 사망했던 곳에 동상과 묘비가 설치되어 있다. 시내에서 루앙 기차역 사이 돈캥눈 유원지 안쪽에 있다.

(2016년 MBC에서 서프라이즈 세계7대불가사의 중 하나인 앙코르와트와 이를 발견한 프랑스의 학자 앙리무오를 기리는 비석이 있는 루앙프라방이 소개됨)

• 반 씨엥롬 코끼리마을 (Elephant Village Ban Xieng Lom)
루앙프라방 코끼리 캠프가 여러 곳이 있는데 이곳이 가장 유명하다.

• 적십자 스팀 사우나
스팀 사우나는 매일 오후 4시~8시까지 운영한다.

• D&T 슈퍼마켓
루앙 시내에서 가장 큰 마트로 현지인보다 여행자들이
더 많이 찾는 곳이다. 이 마트 앞쪽으로 금은방들이 있
는데 환전 시세가 가장 좋은 곳이다. 소주와 한국 라면
을 파는 곳이다.

• 카사바 과자 (카오킵 맨톤)
카사바 뿌리에서 채취한 녹말가루와 참깨를 섞어서 만든 라오스식 수제 과자.

폰사반은 여러 개의 커다란 항아리가 흩어져 있는 항아리 평원이 있는 곳이다. 대부분 여행자들이 "시엥쿠앙은 항아리 외에 볼 것이 없다"라고 말하는 곳이다. 접근성 때문에 일반 관광객이 시간을 투자해서 찾아가기 어려운 곳이다. 각 항아리들이 왜 여기에 있는지는 아직도 명확히 밝혀지지는 않았다.

베트남 전쟁 기간동안 엄청난 양의 포탄이 떨어졌던 곳이라서 항아리 평원 내부에도 당시 포탄 투하 흔적이 여러 곳 남아 있다.

• 푸쿤 삼거리
방비엥에서 씨엥쿠앙을 가거나, 루앙프라방에서 씨엥쿠앙을 갈 때 서로 만나는 삼거리고 이곳에서 씨엥쿠앙까지는 137km 지점이다.
하지만 이 구간이 워낙 구불구불한 산길이라서 약 3시간이 걸린다.

라오스의 영웅 카이손 폼비한이 독립운동을 펼쳤던 혁명의 거점도시이다.
십만깁 지폐 뒷면에 카이손폼비한 및 비엥싸이 전경을 볼 수 있다.

푸낭 뷰포인트

ເມືອງວຽງໄຊ - ຖານທີ່ໝັ້ນຂອງການປະຕິວັດລາວ

므앙 위앙싸이 - 탄티만 컹 칸빠티왓 라오
Muang vieng xai - than thi man kong kan pa ti vad lao
탄티만 : 거점(Strong & Good Place) / 컹 : ~의 / 칸빠티왓 : 혁명

마을 한가운데에 있는 카르스트 지형의 푸낭(여인의 산) 뷰포인트에서 지폐속에 등
장하는 마을 전체를 내려다 볼 수 있으며, 건너편 산 절벽에는 므앙위앙싸이-탄티만
컹 카빠티왓(라오 혁명의 거점)이라고 새겨져 있고 인근에는 카이손 기념관(kaysone
phomvihane's memorial)이 있다.
독립운동 역사를 바로 세우기 위해 노력하는 라오스에 경의를 표하게 된다.
카이손폼비한은 남부 사바나켓 출신으로 베트남 유학 중 호치민을 만나서 정치에 관심
을 갖게 되었으며, 라오스 인민혁명낭 빛 빠텟라오 군대의 지도자가 되었다.
제2차 인도차이나 전쟁 동안 카이손은 후아판 지방의 비엥싸이 동굴에 본부를 두고 라
오스 인민의 혁명적 투쟁을 이끌었다 1975년 독립과 동시에 그는 초대 총리이자 2대 대
통령이 되었다.

• 비엥싸이 동굴 방문 센터

라오스카이웨이 항공을 이용 쌈느아 농캉공항을 통해 방문하거나, 씨엥쿠앙 방면 쌈느아행 로컬 버스를 타고 가거나, 씨엥쿠앙 1박 후 쌈느아행 버스를 타고 가면 된다.

ວຽງຈັນ → ຊຳເໜືອ VIENTIANE → SAM NEUA					ຊຳເໜືອ → ວຽງຈັນ SAM NEUA → VIENTIANE				
ມື້ບິນ Day	ຖ້ຽວບິນ Flight No	ເວລາບິນ Departure	ເວລາໄປຮອດ Arrival	ຊະນິດເຮືອບິນ Aircraft	ມື້ບິນ Day	ຖ້ຽວບິນ Flight No	ເວລາບິນ Departure	ເວລາໄປຮອດ Arrival	ຊະນິດເຮືອບິນ Aircraft
ພຸດ,ສຸກ,ທິດ Wed, Fri, Sun	QV701	12:00	13:00	ATR72	ພຸດ,ສຸກ,ທິດ Wed, Fri, Sun	QV702	13:40	14:40	ATR72

방비엥은 특별한 문화와 역사는 없는 엑티비티의 천국이라 할 수 있다.

카르스트 지형의 산과 동굴, 남쏭강 줄기를 따라 조성된 마을로 젊은 여행자들이 많이 찾는 곳이며 2017년 tvn 〈꽃보다 청춘〉 방송 영향으로 한국 관광객이 폭발적으로 증가한 곳으로 방비엥은 현지인보다 한국인이 더 많을 때도 있었다. 지금도 샌드위치 노점, 국수집에 한글 간판이 많이 보인다.

남싸이 전망대 및 쏭강 건너편에 있는 산들은 카르스트형의 병풍을 두른 것 같은 가파른 암벽으로 이루어진 산이며 곳곳에 동굴들이 숨어 있다.

탐짱 동굴은 내부에 시멘트로 포장된 길이 있어 이동이 어렵지 않다.

시몬 리조트 및 도몬 게스트하우스 방에서 바라본 방비엥 풍경

한인 게스트하우스는 블루 게스트하우스가 유일하며 코로나 전에는 청춘파티 투어가 유명했던 곳이다. 현재 블루투어, 무궁화포차를 같이 운영하고 있다.

방비엥 여행자거리에는 블루투어, 놀자투어, 원더플투어 등 다수의 한인 투어회사들이 있다.

• 방비엥 랜드마크 블루라군

블루라군 1

블루라군 2 (유토피아라군)

블루라군 3 (씨크릿라군)

블루라군 4

• 탐남 (물동굴, Water Cave)

남쏭강의 지류가 동굴의 아래로 지나가기 때문에 동굴이 물에 반쯤 잠겨 있다.
입구에서 튜브를 타고 동굴 내부까지 연결되어 있는 줄을 잡고 안으로 들어가야 하는데 내
부가 어둡기 때문에 머리에 헤드렌턴을 착용하는데 렌턴의 불빛이 비치는 곳만 보인다.

• 방비엥 투어상품 예시

가격은 현지 사정 및 환율에 따라 달라질 수 있기 때문에 한국인이 운영하는 블루투어를 통해 문의하면 도움을 받을 수 있다.

No	투어 관련 목록	가격대
1	오토바이 대여 8시간	150,000
2	카약킹	150,000
3	쏭강튜빙 → 짚라인	300,000
4	집라인 → 카약킹 → 블루라군1	350,000
5	카약킹 → 탐쌍(코끼리동굴) → 탐남(물동굴) → 블루라군1	350,000
6	집라인 → 카약킹 → 탐쌍(코끼리동굴) → 탐남(물동굴)	380,000
7	암벽등반	380,000
8	카약킹 → 암벽등반	500,000
9	암벽등반 → 튜빙	550,000
10	버기카 대여 2시간 (2인승 / 4인승)	400,000/500,000
11	버기카 대여 4시간 (2인승 / 4인승)	600,000/700,000
12	버기카 대려 6시간 (2인승 / 4인승)	800,000/900,000
13	페러모터 투어	1,700,000
14	열기구 투어	1,700,000

• 암벽등반

Rock Climbing은 물놀이 위주의 투어와 차별화된 스릴과 성취감을 느낄 수 있는 매력적인 엑티비티라고 생각한다. 여행자들이 많이 참여하지 않는 투어 상품이지만 암벽 위 자일에 매달려서 방비엥 시가지를 내려다보는 색다른 체험을 할 수 있다.

- 열기구

가격은 에드벌룬 크기에 따라 100$, 120$ 두 종류가 있는데 120$짜리가 조금 더 높이 올라간다. 최고 900m까지 올라간다.

운행 시간은 기압차로 인해 새벽시간 또는 늦은 오후 시간에만 띄울 수 있기 때문에 새벽타임은 5시 반, 오후시간은 4시 반에 숙소에 픽업을 오며 끝난 후에는 숙소로 데려다 준다. 투어 가격에는 식사가 포함되어 있다.

- 페러모터

가격은 100$ 수준 아침 6시~10시, 오후 3시 반~6시 사이에만 운영한다.

- 탐롬 유원지

남쏭강의 상류에 자리 잡은 현지인들이 가장 많이 찾는 유원지이다.

방비엥은 카르스트 지형의 석회암 산으로 이루어진 도시로 어디를 가도, 어느 곳에 있어도 매우 아름다운 풍경을 볼 수 있다.

• 파탕
2023년 이전에는 매우 조용했던 곳이었는데 최근 강을 가로지르는 임시 대나무 다리가 놓이고, 강변을 중심으로 음식점들이 속속 들어서고 있다.

• 인터파크
인터파크 공룡공원과 넓은 수영장이 함께 있는 멋진 풍경을 볼 수 있다.

• 오존파크
북쪽 방향 큰길을 따라 올라가다 보면 텐트 캠핑 및 개인실 숙박 시설을 갖춘 리조트가 있다.

• 샌드위치 및 로띠 노점

방비엥 여행자라면 꼭 한 번씩은 사먹는 방비엥 샌드위치, 한번 맛을 보면 또 먹게 되는 묘한 매력이 있다.

• 방비엥 사쿠라바

오래전 방비엥은 유럽 배낭여행객들이 놀러 와서 마약을 했던 곳으로 알려져 있는데 지금은 해피벌룬이라는 마약 성분의 풍선이 사용되고 있다.

워낙 유명한 곳이라서 대부분 여행자들이 한 번은 구경하고 가는 곳이다.

• 풀마인드 카페 (Pullmind Cafe)
카페에서 바라보는 풍경이 매우 아름다운 곳이다.

• 풀문 레스토랑 & 빠
시끄러운 사쿠라바 보다는 이곳의 분위기가 맥주 마시기에는 더 좋다.

• 리버 뷰 레스토랑 & 방갈로
남쏭강과 가까이서 경치를 보면서 숙식을 할 수 있는 곳이다.

- **피자루카**

루앙프라방에 피자판루앙이 있다면 방비엥에는 피자루카가 있다.
두 곳 모두 화덕피자로 유명한 맛집이다.

- **비엥타라 리조트 (60~70$)**

아래 모델 사진으로 인해 많이 알려진 리조트이며 사진과 같이 푸른 들녘은 12월~2월
사이에만 볼 수 있다, 그 외 시즌은 실망할 수도 있다.

호텔 투숙객이 아니더라도 레스토랑에서 식사를 할 수 있는데 디파짓(보증금) 20만 낍
을 먼저 내고 입장을 하고 식사 후 정산하는 시스템으로 운영한다.

• 진마사지 (사바이디 마사지) : 한인업소

사바이디 호텔 건물을 통째로 운영하는 방비엥에서 가장 큰 마사지샵이다.

• 블루게스트하우스 : 한인업소

한인 게스트하우스로 여행 관련 정보를 쉽게 얻을 수 있는 곳이다.
숙박비는 3층은 21,000원, 2층은 17,000원이다.

• 티마크 리조트 (100$) : 한인업소

코끼리동굴 가는 길목에 있으며 프론트에 별 5개 명판이 유난히 빛난다.

• 콩 리조트 (20$)

독특한 친환경 리조트를 경험해 보고 싶거나 사람들이 없는 조용한 곳에서 머물고 싶은 사람들에게 적합한 곳이다. 내부에는 수영장도 있다. 위치는 번화가에서 좀 떨어진 피자루카 바로 앞에 위치해 있다.

• 콘페티가든 리조트 (55만 낍)

최근에 오픈한 곳으로 깨끗하고 위치도 적당한 곳이다.

• 시사방 게스트하우스 (20만 낍)

여행자거리에서 가깝고 대로변에 있어 가성비로 괜찮은 곳이다.

· 무앙프앙 (앙남통)

방비엥에서 미니밴으로 30분 거리의 힌흡삼거리에서 20분~30분 들어가면 반돈 삼거리
가 나오는데 왼쪽으로 가면 앙남통, 오른쪽으로 가면 후아페이며 최근 떠오르는 관광지
로 특히 태국인 관광객들에게 매우 인기가 많은 곳이다.

· 앙남통 리조트 (Angnamtong View Resort)

• 반쌈믄 리조트 (Ban Sarm Meun View Homestay And Resort)

방갈로형 리조트에서 제공하는 삼겹살 및 새우구이에 비어라오를 마실 수 있고 남립강
보트 투어가 가능하다. 새벽에는 뗏목을 타고 오는 스님들께 탁발을 할 수 있고 주변 풍
광이 매우 아름다운 곳이다.

아직은 대중교통이 활성화되지 않아서 비엔비엔 북무터미널에서 운행하는 미니밴이 있고, 방비엥 여행자거리에서 출발하는 미니밴이 있지만 승객이 없을 때는 운행을 하지 않는 경우가 있어서 현지 숙소 및 여행사에 문의하면 안내를 받을 수 있다.

• **빠뚜 사이** Patu Xai

1969년 프랑스로부터 독립한 것을 기념으로 지었다는 독립기념탑이다. 미국에서 도로 개설 하라고 보내준 시멘트로 세웠다고 한다.

내부에는 계단을 이용해서 꼭대기까지 올라갈 수 있고 올라가는 계단을 따라 기념품 상점들이 있다.

꼭대기에 올라가면 4방향 모서리에 작은 개선문이 있고, 확 트인 란쌍대로와 대통령궁이 보이고 시내 전체를 한눈에 내려다볼 수 있다.

• **파탓루앙** Pha That Luang

탓은 탑을 의미하는 말로 위대한 불탑이라는 뜻으로 1566년 셋타티라 왕 때 지어졌으며 라오스 국민들이 가장 성스럽게 여기는 기념물이다.

• **왓옹뜨** Wat ong Teu

비엔티엔 여행자거리 가장 중심에 위치하고 있고, 무거운 부처의 사원이란 뜻으로 라오스에서 가장 큰 청동 불상이 모셔져 있다.

• **탓 담** That Dam

이 탑은 원래 황금으로 감싸져 있었는데 1827년 태국이 라오스를 침략 했을 때 태국 시암군이 금박을 벗겨가서 검은 벽만 보인다고 한다.
검은 탑이란 뜻으로 크게 볼 만한 것은 없다.

• **왓씨사켓** Wat Sisaket

비엔티엔에서 가장 오래된 사원이며 1818년 세워졌다.

• **호파깨우** Ho Prakeo

1565년 루앙프라방에서 비엔티엔으로 수도를 옮기면서 에메랄드 불상을 모시기 위해서 지어졌으나 1779년 태국이 침략해서 에메랄드 불상을 가져가서 방콕의 에메랄드 사원에 있고, 모조품으로 만들어서 원래 있었던 루앙프라방의 호파방Ho pha bang에 모셨다고 한다.

• **왓씨므앙** Wat Simuang

이곳은 내, 외부가 모두 황금빛으로 화려하게 장식되어 있다.

• 대통령궁

보자르 양식의 건축물로 정부 공식행사 시 등에 사용되며 대통령이 거주하는 곳은 아니다. 대통령실이 용산 이전 후 비어있는 청와대 같은 곳이다. 2023년 봄부터 근위병이 배치되었는데 가족처럼 편안한 느낌을 준다.

• 미국 대사관 앞 도로 벽화 (근접 촬영 금지)

• 부다파크

비엔티엔 시내에서 약 20km 떨어져 있고, 수많은 불상을 전시해 놓아서 부처공원이라고 부르며, 힌두신의 조각과 다양한 불상들의 조각공원이다.

• 허벌사우나

여행으로 인해 몸이 뻐근하다면 마사지와 함께 스팀사우나를 추천한다.
위치는 메콩강 근처 여행자거리 중심부에 있다.

• 남푸 (분수) 공원

• 콕싸앗 소금공장

수억 년 전 라오스는 바다였다고 한다. 3~4%의 염도가 있는 지하수를 퍼올려서 숯불로
12시간을 끓여 소금 결정을 만들거나, 염전에 물을 채워 3~4일 뜨거운 태양으로 말려서
천일염을 만든다. 패키지여행에서는 많이 가는 곳이지만 개인 여행자가 찾아가기에는
어려운 곳이다.

• 다른 배경에서 보는 왕의 동상

아누봉 스타디움 입구에 아누봉, 씨므앙사원 옆에 시사방봉 동상이 있다.

• 비엔티엔 수영장

여행자거리에서 가깝고 수영장과 휘트니스를 같이 이용할 수 있다.

• 무인 빨래방

급하게 세탁해야 할 빨래가 있다면 효율적일 것 같다. 아마 라오스에서 무인 빨래방은
이곳이 최초가 아닐까 싶다.

• 실탄사격장 (사오국제사격장)

한국의 군부대 사격장보다 훨씬 규모가 크며, 총기류들이 종류별로 다양하게 구비되어 있으며 실탄의 가격이 비싸지만 한 번은 체험해 볼 만한 곳이다. 카운터에서 총기를 선택하면 안내 가드가 운전하는 카트를 타고 사격장으로 이동한다.

• 워크맨 빌리지

명품 제품 및 기념품을 구입할 수 있는 곳이다. 짝퉁샵 이라고 부르기도 하지만 의외로 좋은 물건들을 저렴하 게 구입할 수 있다.

여행자거리 D마트 건물, 메콩강변 시눅커피 옆 두 곳이 있다.

여러 명이 많이 구입할 경우는 VIP카드를 발급해서 구입 하면 15% 할인된다.

• 푸르츠 헤븐 (Fruit Heaven)

여행 중 더위에 지칠 때 잠시 쉬어가기 좋은 곳이다.

쉐이크 25,000낍, 혼합 토핑 65,000낍, 베지터블 바게트 45,000낍이다.

• 도가니 국수집 (07:00~20:30, 문 닫는 시간 14시~17시)

한국인 여행자들에게 유명한 국수집이다. 하지만 코로나 이후 수 차례 방문해 봤지만 도가니가 빠지고 살코기 샤브로 바뀌어서 맛이 예전같지 않다.

• 퍼쎕 (쌀국수 전문점)

1958년부터 운영 중인 비엔티엔에서 매우 오래된 유명한 맛집이다. 구글 지도에 다른 곳으로 표기되어 있으므로 본 가이드북 지도를 참고하기 바란다. 이곳은 카오쏘이를 시키면 간짜장처럼 양념 소스를 별도로 내준다.

면종류 외 다양한 요리가 있고, 2층은 단체실이 별도로 마련되어 있다.

- 마나메 가든 (마=오라, 나=논)

일명 논뷰 레스토랑으로 불리는 곳으로 이름 그대로 "논으로 오라" 식당.
주말에는 현지 젊은이들로 붐비는 곳이며, 에어컨 방이 따로 있다.

- 카페 525

등대 한인쉼터 골목에 있는 분위기 있는 와인바로 서양인들이 많다.

• 라오듬 레스토랑

라오스 전통요리를 잘하는 곳으로 현지 상류층들이 찾는 고급 레스토랑이다.

• 라까지드꼬끄 (Cage du Coq Restaurant)

프랑스요리 전문점으로 분위기도 좋고, 음식 맛도 좋아서 구글 평점이 높다.
좁은 골목길 안쪽의 겉모습과 다르게 내부는 산뜻하게 꾸며져 있다.

• 레스토랑 나다오

• 꿍스카페

왓씨므앙 사원이 시내에서 약간 거리가 걸어서 가면 지칠 수 있는데, 근처에 있는 꿍스 카페에 들러서 쉬었다 올 수 있는 곳이다. 영업시간이 아침 7시반~3시반으로 일찍 문을 닫기 때문에 시간을 잘 보고 가야 한다.

• 윈드웨스트

시홈로드 초입에 있는 로컬 술집으로 바로 옆에 서양 배낭여행자들이 많이 모이는 호스 텔 등이 있어서 서양 친구들이 많고, 특히 테이블 상판은 각국의 국기로 만들어져 있는데 태극기 테이블 위치가 무대를 즐기기에 안성맞춤인 곳이다. 다양한 장르의 음악과 색다 른 음식을 즐길 수 있는 곳이다. 술안주로는 가늘게 썰어낸 소껍데기 튀김이 맛있다.

• 완완 푸드파크

시홈 야시장이 폐쇄되면서 그 자리를 대체할 것으로 보이지만 대단할 것 없어 보이는 식당가에 입장료 15,000낍을 받는 것이 좀 어색해 보인다.

• 줍다드 고기 뷔페 (Jupdard)

2023년 3월 KBS 베틀트립2 방송에 나왔던 삼겹살 뷔페 식당이다.

• 문 더 나이트 해산물 뷔페 (오후 4시~11시)

푸짐한 해산물, 확트인 메콩강뷰, 라이브 음악 아쉬울 것이 없는 곳이다.

• 핀 (FIN) 레스토랑

현지 세련된 젊은이들이 많이 오는 로컬 클럽이다.

• 쌈싸오 (3 Sao) 뷔페

혼자 여행와서 시원한 곳에서 삼겹살을 먹고 싶을 때 간단히 맥주 한잔 마실수 있는 식당이다. 외국인 보다는 현지인이 주로 찾는 곳이다.

• 셋타펠리스 호텔 (150$)

시내에 있는 작은 규모의 프랑스 스타일의 호텔로 1층에 프랑스 레스토랑이 입점해 있고 뒤뜰에 예쁜 자동차가 주차되어 있어서 프랑스에 온 듯 하다.

마노롬샤토 호텔 (40만 낍)

입구에서 계단으로 올라가면 리셉션이 2층에 있다. 캐리어 등 짐이 있는 경우 1층 주차장 안쪽으로 들어가서 승강기를 이용해서 올라가면 된다.

새로 지은 호텔로 깨끗하고 저렴하며, 호텔 바로 근처에 D마트, 코인빨래방이 있고, 시홈로드, 메콩강변도 가깝고 위치가 좋은 곳이다.

• 반 1920 호스텔 (8$)

1920년대 지도 및 사진들, 그 당시를 재현한 인테리어와 축음기가 있다.

• 중앙터미널

비엔티엔 기차역, 북부터미널(방비엥 가는 터미널), 태국 넘어가는 노선

• 중앙터미널(딸랏싸오)~북부터미널 (30분 소요, 10,000낍)

중앙터미널 → 북부터미널		북부터미널 → 중앙터미널	
07:00	07:30	07:35	08:00
08:00	08:30	08:35	09:00
09:30	10:00	10:05	10:30
12:00	12:30	12:35	13;00
14:00	14:30	14:35	15:00
16:00	16:30	16:35	17:00

• 중앙터미널(딸랏싸오)~남부터미널~기차역 (30분 소요, 15,000낍)

중앙터미널 → 기차역		기차역 → 중앙터미널	
06:10	06:50	07:30	08:00
13:00	13:30	13:50	14:30
15:00	15:30	17:20	18:00
19:30	20:00	20:40	21:20

농카이 국경 → 기차역 : 13:00, 14:45 2회 운행 (20,000 낍)

중앙터미널 → 탕원 : 05:40~16:20, 1시간 간격 12대 운행 (10,000낍)

중앙터미널 → 부다 파크 : 06시~17시 , 30분 간격 24대 운영 (12,000 낍)

남부터미널 출발 시간표	북부터미널 출발 시간표	
콩로 (8만낍)	보케오 (23만낍)	쌈느아 (19만낍)
10:00	10:00 (SLP)	7:00
타켁 (6만낍)	17:00 (SLP)	9:30 (VIP)
04:00	사냐부리 (15만낍)	12:00 (VIP)
05:00	07:00	14:00 (SLP)
06:00	08:00	17:00 (VIP)
12:00	13:00	루앙 (11만낍)
13:00 (VIP)	18:30 (VIP)	6:30 첫차
사바나켓 (8만낍)	퐁살리 (23만낍)	10:30 막차
5:30	07:15	고속철 개통으로 미운행 사례 빈번
6:00	18:00 (SLP)	루앙 (15만낍)
6:30	씨엥쿠앙 (11만낍)	20:30 (SLP)
7:00	6:30	방비엥 (10만낍)
7:30	7:30	8:00 첫차
8:00	9:00	16:00 막차
8:30	15:00	고속철 개통으로 미운행 사례 빈번
9:00	16:00	
20:30 (VIP)	17:00	
팍세 (17만낍)	18:40	
20:30 (SLP)	20:00 (SLP)	

• 비엔티엔 여행자거리 출발 버스 시간표 및 가격표

숙소에서 예약 시 구매 수수료 및 픽업 비용 포함 가격이다.

국내이동

이동구간	이동수단	픽업시간	출발시간	도착시간	가격(낍)
비엔티엔 → 방비엥	미니밴	08:30	09:00	11:00	150,000
	미니밴	11:30	12:00	14:00	150,000
방비엥 → 비엔티엔	미니밴	13:30	14:00	16:00	150,000
비엔티엔 → 루앙	미니밴	07:00	08:00	19:00	350,000
비엔티엔 → 씨엥쿠앙	미니밴	07:00	08:00	19:00	350,000
비엔티엔 → 타켁	일반버스	08:00	09:00	17:00	200,000
	VIP버스	12:00	13:00	19:00	260,000
	슬리핑버스	18:00	20:00	05:00	330,000
비엔티엔 → 콩로동굴	미니밴	08:00	10:00	18:00	230,000
비엔티엔 → 사바나켓	일반버스	08:00	09:00	17:00	260,000
	슬리핑버스	18:00	20:00	05:00	330,000
비엔티엔 → 팍세	일반버스	08:00	09:00	17:00	330,000
	슬리핑버스	18:00	20:00	07:00	380,000
비엔티엔 → 씨판돈	슬리핑+보트	18:00	20:00	11:00	550,000

국제버스

이동구간	이동수단	픽업시간	출발시간	도착시간	가격(낍)
비엔티엔 → 씨엠립	슬리핑+일반	18:00	20:00	22:00	1,300,000
방비엥 → 프놈펜	슬리핑+일반	18:00	20:00	17:00	1,300,000
비엔티엔 → 하노이	슬리핑버스	16:00	18:00	18:00	700,000
비엔티엔 → 빈	슬리핑버스	16:00	18:00	14:00	700,000
비엔티엔 → 다낭	슬리핑버스	16:00	18:00	17:00	750,000
비엔티엔 → 후에	슬리핑버스	16:00	18:00	14:00	700,000
비엔티엔 → 방콕	VIP 버스	17:00	20:00	06:00	1,200바트
비엔티엔 → 방콕	VIP 버스	17:00	20:00	06:00	1,200바트

태국 국경

이동구간	출발시간	가격(낍)
비엔티엔 → 농카이	7:30, 10:00, 15:30, 18:00 (픽업은 45분 전)	90,000
비엔티엔 → 우돈타니	8, 10, 12, 14, 15, 18시 (픽업은 45분 전)	100,000

태국 열차

이농구간	이동수단	픽업시간	출발시간	도착시간	가격(바트)
비엔티엔 → 방콕	1등석, 위층	15:00	18:20	07:00	1,900
비엔티엔 → 방콕	1등석, 아래층	〃	〃	〃	2,100
비엔티엔 → 방콕	2등석, 위층	〃	〃	〃	1,400
비엔티엔 → 방콕	2등성, 아래층	〃	〃	〃	1,500

캄무완주에는 2022년 대한민국을 강타했던 태풍 "힌남노" 국립보호구역이 있는 곳으로 꽁로동굴, 세방파이 동굴이 있다. 콩로 동굴은 7.4km 이상 뻗어있는 동굴로 가이드와 함께 동굴 사이로 보트 여행을 할 수 있다.

콩로동굴은 최소 1박 2일 코스이며, 타켁루프를 모두 돌아본다면 3박 4일의 시간이 필요하다. 시간이 없다면 당일치기로 돌아볼 수 있는 타켁 시내에서 가까운 쿤꽁랭 및 탐파파, 타파랑을 다녀오는 것을 추천한다.

• 타켁 메콩강변 노천식당

• 메콩 호텔 및 인티라 호텔
여행자거리 메콩 호텔은 건너편 태국을 배경으로 메콩강 석양을 볼 수 있다.

메콩호텔에서 바라본 태국　　　　여행자거리 메인 사거리

• 락 뷰포인트 (The Rock View Point)

타켁루프 구간 중 나힌 방향 푸파만 산맥의 절벽 위를 산책하거나 집라인을 탈 수 있는 곳이며, 카페와 캡슐형 빌라 숙박 시설을 갖추고 있다.

• 쿤꽁랭 (Khoun Kong Leng Lake)

쿤꽁랭 가는 길에 펼쳐진 푸른 초원과 기암절벽이 정말 아름다운 곳이다.

• 탐파파 (Tham Pa Fa)

이곳을 들어갈 때 여자는 치마를 입어야 들어갈 수 없다. 매표소 입구에서 대여하는 치마로 갈아입고 가야 한다.

특이한 것은 동굴이 2층으로 이루어져 있는데, 위층은 크고 높은 석회암 동굴 부처가 모셔져 있고, 아래층에는 보트를 타고 들어갈 수 있는 동굴이 있다. 태국 및 라오스 관광객들을 많이 볼 수 있다.

• 타파랑 (Tha Fa Lang)

태국 및 라오스 관광객들이 많은 곳이다. 타켁은 태국 나콘파놈 시내에서 차로 30분이면 올 수 있는 태국과 가까운 곳이다.

사바나켓은 라오스에서 2번째로 인구가 많은 도시이며, 태국과 베트남을 연결하는 육로의 중간에 위치한 동서 물류의 중심도시이다. 식민지 시대에는 프랑스 무역 전초기지였기 때문에 문화의 거리 중심부에는 유럽풍의 프랑스식 빈티지 건물들을 볼 수 있다.

18세기 중반에 타해라고 불렸으나 프랑스가 1893년에 타해를 장악했고 1907년부터 사바나켓이라는 새로운 이름으로 개명되었다. "사바나켓"이라는 이름은 고대 팔리어로 "황금의 땅"을 의미라며 라오스어로는 싸완나켓이라고 부르는데 싸완은 라오스어로 천국 또는 낙원을 뜻한다.

라오스 독립운동 전쟁 영웅 카이손 폼비한의 고향으로 그의 이름을 기리기 위해 2005년 사바나켓주의 수도 이름을 카이손폼비한으로 변경 하였으나 아직까지는 사바나켓으로 많이 부른다.

• 탓잉항 탑
아름답고 독특한 조각과 장식으로 높이는 약 9M이며, 부처의 척추 사리가 보관되어 있다고 한다. 10세기 크메르왕국 당시 지어졌으며, 사바나켓 시내에서 약 15km 떨어져 있다.

• 성테레사 성당
사바나켓에서 가장 유명하고 잘 알려진 프랑스 건축물 성테라사 성낭을 비롯해 수많은 식민지 상점 건물이 남아 있다.

성테레사 성당 또한 1930년 프랑스 점령기 시절에 지어졌다.

• 사바나켓 박물관
시내 중심부에 위치해 있어서 여행 중 더위도 식힐
겸 잠깐 들어서 구경하기에 괜찮은 곳이다.

• 모카팟 커피
박물관 정문 바로 앞에 있는 커피 노점으로 매우
독특한 방법으로 원하는 커피를 만들어준다. 마치
팔렛트에 다양하게 물감을 담아놓고 원하는 색감
을 만들어내는 미술가처럼 커피를 만들어주는 독
특한 커피점이다.

• 아랑 한국식당

• 사바나켓 문화의거리 벽화들 (지도에 벽화 위치 표기 있음)

• 카봉 축제 (앋싸폰 지구, 그루족 축제, 매년 한국 설 연휴와 같은 시기에 열림)

• 동링 (Monkey Forest)

찬폰 루프 중간에 약 1,000마리의 원숭이 자연 서식지가 있다.
원숭이들이 라오스 사람들의 성격을 닮아서 대부분 온순한 편이다.
하지만 음식이 부족해서인지 먹을 것을 보면 격하게 반응을 보인다.

• 호따이피독 (Monkey Forest)

말린 야자잎 4천장에 문자를 새겨 만든 경전 보관
소이다. 벌레로부터 보호하기 위해 수상에 세워져
있고, 불교 고대언어로 기록되어 있다고 한다.
동링 및 호타이피독 도서관 등을 둘러보기 위해서
는 여행자거리 Marvelaos Travel 여행사에서 신청
을 하거나 오토바이를 렌트해서 다녀올 수 있다.

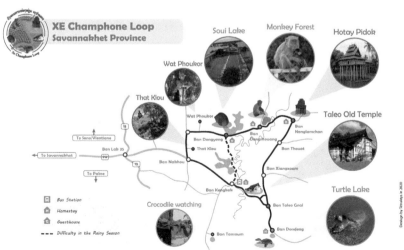

• 팍세호텔 (35$) 및 르파노라마 루프탑

팍세의 랜드마크 호텔이며 전통 수제 햄버거 또한 유명하다. 호텔 루프탑 라운지에서 메콩강 석양을 보며 맥주를 마시기에 적당한 곳이다.

여행자거리 가장 중심에 있으며 주로 유럽 출신 총지배인이 운영하는 곳으로 서비스의 격이 높은 호텔이다.

이 호텔에서 가장 인상 깊었던 광경은 복도 측 룸에 들어갔을 때 창문 밖에서 동자승이 마당을 쓸고 있는 느낌을 그대로 살렸다는 것이 대단하게 느껴졌다. 은은한 간접조명과 흑백사진으로 완벽한 구도를 만들어 낸 것이다. 호텔이 오래 되어서 내부 시설은이 낡고 내부 공간이 좁기는 하지만 옛날 프랑스 시골마을 호텔에 온 느낌을 받는다.

• 레지던스 시숙 (Residence Sisouk) 50$~80$

시눅커피 시눅회장의 여동생이 직접 운영 중인 호텔이다. 고풍스러운 내부시설이 서양 관광객들로부터 큰 호평을 받는 곳이다.

• 수빈 호텔 (Subinh Hotel) 250,000kip~400,000kip

여행자거리 대장금 식당 맞은편에 있는 호텔로 시설이 깔끔한 편이며 옥상 루푸탑이 잘 꾸며져 있다.

• 낭노이 (Nang Noi) 게스트하우스 (180,000kip)

팍세 시내에서 일반 게스트하우스 중 컨디션이 괜찮은 곳이다.

· 팍세 로컬 주점

팍세의 로컬 주점은 낑까이버스터미널 주변에 대부분 모여 있다.

· 딴판 폭포

팍송에 있는 폭포로 딴니양 폭포와 함께 볼라벤고원의 대표적인 폭포이다.

· 딴니양 폭포

• 브라오족 주택 (딴니양폭포 내)

브라오족 : 캄보디아-라오스 국경 양쪽에 살고 있는 소수 민족으로 라오스 남부의
Attapeu와 Champasak주에 살고 있다. 전 세계적으로 대략 60,000명의 브라오족이 있
다고 한다.

• 빡송 하이랜드 커피농장

라오스 커피의 최대 생산지인 빡송의 대표적인 커피농장이다.

• 미스터 빙의 커피농장 및 홈스테이

지나는 길에 농장에 들러서 커피 한잔 마시고 가기에 좋은 곳이다. 하지만 홈스테이는
예민한 사람들은 머물기 힘들 수 있다.

• 시눅커피 리조트 (커피 갤러리 및 체험장 운영)

커피 갤러리 및 바리스타 교육 등의 체험장도 운영하고 있다.

• 탓탱 농장 리조트

시눅커피 리조트에 갔을 때 들어서 구경하기에는 좋은 곳이지만 음식 등 다른 서비스에서는 실망할 수 있다.

• 팍세 대장금 한국식당

• 카페 1971

팍송에는 아주 독특한 카페가 하나 있는데 1971년 월남전 당시 북베트남이 베트남 남부에 있는 게릴라전 지원을 위한 전쟁물자를 라오스를 통해 실어나르던 일명 "호치민루트"를 미군의 공습으로 폭격되었던 곳을 원형 그대로 보존하여 카페로 운영 중이다.

빨갛게 잘 익은 커피만 골라먹는 사향고양이의 배설물에서 커피 원두를 추출하는 고급 커피로 유명한 루왁커피를 만들어주는 사향고양이를 볼 수 있다.

• 왓푸 Wat phou

2001년 유네스코 세계문화유산으로 지정되었으며, 크메르 왕국이 영토를 확장하면서 지은 사원으로 산의 사원 이라는 뜻으로 산을 따라 올라가면서 사원이 조성되었다. 원래 힌두교 사원이었으나 불교 사원으로 바뀌면서 불상을 모셨다고 한

다. 시간이 지남에 따라 많이 파손되었으며, 그늘이 없는 평지를 30분 이상 걸어야 하는 곳이라 페키지가 아닌 혼자 여행하기에는 힘든 곳이다.

씨판돈(씨: 4, 판: 천, 돈: 섬)은 4천개의 섬이란 뜻으로 메콩강 삼각주에 있는 섬 그룹이다. 섬은 매우 작고 무인도가 많으며, 가장 유명한 곳이 돈댓과 돈콘이다.

돈콩은 다리가 놓여 있고, 돈댓은 반나까상에서 보트를 타고 들어가야 한다.
돈콘은 프랑스 식민시절 건설된 콘크리트 다리가 있어서 자전거나 오토바이를 타고 돈콘으로 들어가면 솜파밋 폭포까지 갈 수 있다.
하지만 콘파팽 폭포는 반나까상에서 뚝뚝을 타고 30~40분 이동해야 한다.

· 콘파팽 폭포 (우기와 건기의 차이)

· 솜파밋 리피 폭포 (줄여서 솜파밋 또는 리피라고 부름)

• 씨판돈 가는 미니밴 및 로컬버스

여행자거리 출발 미니밴 (13만낍)			락뺀 로컬 버스 터미널 (10만낍)		
팍세 → 씨판돈			팍세 → 씨판돈		
09:00,	12:00,	15:00	08:00,	09:00,	10:00
			12:00,	15:00,	17:00
씨판돈 → 팍세			씨판돈 → 팍세		
09:00,	12:00		07:30,	08:00,	09:00

• 돈콩 폰스 리버사이드 (12만낍)

• 돈콩 숙사바이 (12만낍)

• 돈콩 (Donkhong) 게스트하우스 & 레스토랑 (150,000kip)

• 돈콩 세네소트슈네 (Senesothxeune) 호텔 (50$)

• 돈댓 선착장

• 돈댓 숙산 방갈로 (Souk san Bungaloews) 10$~15$

• 돈댓 호텔 (Don det Hotel) 28$ & 라오타이 (Lao tai) 레스토랑

• 콘사왓 (Khonesawath) 게스트하우스 (200,000kip)

• 마마러스썬셋 (Mama Leurth Sunset) 게스트하우스 (200,000kip)

• 생아룬 리조트 (Seng Ahloun resort) 30$~50$

• 골든 돈댓 호텔 (Golden Dondet hotel) 450,000kip

옛날에는 씨판돈에 이라와디 돌고래(미얀마의 이라와디강에 이 돌고래가 살았다고 해서 이름 붙여짐)가 살았었다고 하는데 현재는 찾아볼 수 없다.

라오스 최남단 콘파팽 폭포를 마지막 여행코스로 잡고 폭포 입구 국도에서 지나가는 버스를 잡아타고 스텅트렝 국경을 통해 캄보디아로 넘어가는 여행자들도 있다.

라오스 트래블 헬퍼

ⓒ 최익선, 2023

초판 1쇄 발행 2023년 5월 15일

지은이   최익선
펴낸이   이기봉
편집   좋은땅 편집팀
펴낸곳   도서출판 좋은땅
주소   서울특별시 마포구 양화로12길 26 지월드빌딩 (서교동 395-7)
전화   02)374-8616~7
팩스   02)374-8614
이메일   gworldbook@naver.com
홈페이지 www.g-world.co.kr

ISBN   979-11-388-1902-2 (03980)